INSTRUCTIONS
FAMILIERES
EN FORME D'ENTRETIENS,

SUR

Les principaux Objets qui concernent,

LA CULTURE DES TERRES,

Ouvrage à la fin duquel on trouvera deux Mémoires fort intéressans sur les Bois.

Par M. THIERRIAT, Conseiller du Roi, Garde-Marteau de la Maîtrise des Eaux & Forêts de Chaulny.

Beatus ille qui procul negotiis
Ut prisca gens mortalium,
Paterna rura bobus exercet suis,
Solutus omni fænore.

Horat. Ode 2. liv. 5.

A PARIS,

Chez MUSIER Fils, Libraire, Quay des Augustins, au coin de la rue Pavée, à S. Etienne.

M. DCC. LXIII.

Livres d'Œconomie & d'Agriculture qui se trouvent dans la même Boutique.

OBSERVATIONS sur la Culture des Arbres à haute tige, & particulierement des Pommiers, avec le moyen de convertir les plus mauvaises terres en bois, par M. Thierriat, *in-*12.

Nouvelle Méthode de cultiver la Vigne, plus œconomique & plus favorable à la perfection du Vin, *in-*12.

L'Agronome ou Dictionnaire du Cultivateur, nouvelle édition, *in-*8°. 2 *vol.*

Dictionnaire Botanique & Pharmaceutique, *in-*8°.

La Maison-Rustique, 2 *vol. in-*4°.

Les Amusemens de la Campagne, *in-*12. 2 *vol.*

L'Art de multiplier la Soye ; Traité sur les Muriers blancs ; l'Education des Vers à soye, & le Tirage des soyes, *in-*12.

Instructions pour les Jardins, par la Quintinye, *in-*4°. 2 *vol.*

PRÉFACE.

LES meilleurs Auteurs qui ont écrit sur l'Agriculture, ont regardé la terre comme féconde par elle-même. C'est un fait certain, ceux qui pourroient avoir quelques doutes là-dessus n'ont qu'à consulter leurs ouvrages, & ils trouveront que ces Auteurs donnent tous à la terre un sel & un fond de fécondité qui, selon eux, ne demandent qu'à être aidés par des engrais.

Ce systême que le Public a

adopté & qu'il a suivis jusqu'à présent, ne m'a jamais paru fondé, je l'ai trouvé contraire à mes expériences, & ce n'est qu'en l'abandonnant que je suis parvenu à trouver un plan fixe, auquel j'espere qu'on pourra appliquer par la suite avec ordre les différentes opérations qui concernent la culture des terres. C'est ce plan si utile & si intéressant qui fera la matiere de ce petit Ouvrage ; il m'a coûté plusieures années de peines & de soins, je crois le fondé ; malgré cela il pourra n'être point goute par la plupart des Laboureurs. Je crains de ne pouvoir les faire revenir de leurs anciens préjugés, & c'est cette crainte qui m'a déterminé à mettre mon travail par demandes & par réponses en faveur des enfans qu'on destinera à la culture des terres, les Maîtres d'Ecole de Village pourront s'en servir pour leur apprendre à lire, ils tiendront de tems & en tems des conferences, avec les plus âgés & les plus raisonnables sur les objets qui seront à leur portée. Ils pourront même leur faire apprendre par cœur les réponses aux differentes questions : au moyen de cela ces enfans gouteront petit à

petit mes principes, ils con-
noîtront ce qu'il y a de mieux
dans les anciennes pratiques,
& ils pourront travailler utilement pour eux, & pour le
bien de l'Etat.

INSTRUCTIONS

INSTRUCTIONS
FAMILIERES
EN FORME D'ENTRETIENS,

Sur les principaux objets qui concer-
nent la Culture des Terres.

CHAPITRE PREMIER.

Sur les vrais principes de la Fécondité des
Terres.

D. OIT-ON regarder la terre comme féconde par elle-même ?

R. Non, la terre est un corps passif qui ne nourrit pas, on ne doit la regarder que comme une simple matrice qui reçoit les graines ; les graines germent dans son

A

sein ; elles y forment les plantes ; les plantes y vegetent & y prennent leurs accroissemens ; mais avec tout cela elle ne contribue en rien à leurs nourritures.

D. Si la terre n'est pas féconde par elle-même, d'où peut-on dire qu'elle tire les sucs propres à la nourriture des plantes ?

R. Elle les tire des influences de l'air & des différens amandemens, il y a un commerce & un mouvement continuel entre la terre & l'air ; la terre exhale, & l'air dépose les matieres que la terre exhale, ainsi que celles que le soleil attire du sein de la mer & des eaux, sont portées dans l'atmosphere, d'où elles ne retombent sur la terre qu'avec les qualités propres à la fertiliser.

D. En quoi faites vous consister les influences de l'air ?

R. Je les fais consister dans les eaux de pluye, la neige, les brouil-

lards, les rofées, les vapeurs, &
dans différentes particules nitreu-
fes, huileufes & fulphureufes que
l'air dépofe fur la furface de la
terre, & qui la fertilifent plus ou
moins bien felon qu'on fçait la
mettre en état d'en profiter.

D. Qu'elles font les matieres
propres à la végétation qui réfi-
dent dans le fumier ?

R. Les mêmes particules ni-
treufes, huileufes & fulphureufes, qui font partie des influences
de l'air.

D. Pourriez-vous m'expliquer
la nature & les différentes qualités & propriétés de chacune des
matieres qui compofent les influences de l'air, & me dire en
même-tems comment elles agif-
fent dans le fein de la terre, con-
jointement avec les amandemens ?

R. Non, cela paffe mon intelli-
gence, je fuis obligé de m'en tenir
là-deffus aux effets, parce que je

ne suis pas assez sçavant pour pouvoir pénétrer dans les causes.

D. Vous dites que la terre est un corps passif; cependant on en trouve beaucoup qui ont du goût & de la saveur ?

R. Cela est vrai, mais ce goût & cette saveur ne sont qu'accidentels, & ils ont vraisemblablement pour causes les différens minéraux qu'elle renferme dans son sein.

D. Pourroit-on se passer de fumier pour les terres labourables ?

R. Oui, en rigueur on le pourroit, quand une terre a produit pendant plusieurs années de suite, si les sucs par elle reçus se trouvent tendre à leur fin, il faudroit lui donner des labours fréquens pour la mettre en état de réparer ses pertes avec le seul secours des influences de l'air; mais comme cela pourroit demander beaucoup de tems, on auroit le désagrément de voir, qu'avant que la terre soit en état de produire de nouveau avec une certaine abondance, il faudroit se priver de plusieurs ré-coltes, & cela seroit très-domma-geable.

D. Vous trouvez-donc que, pour éviter ce dommage, les fu-miers sont nécessaires?

R. Oui, les fumiers font une ressource très-avantageuse, les sucs qu'ils fournissent à la terre, servent à réparer promptement ses pertes, & par-là, ils la mettent en état de produire plus souvent.

D. Pourriez-vous, à la faveur de votre nouveau système, satisfaire ma curiosité sur plusieurs faits que j'ai de la peine à comprendre?

R. Vous n'avez qu'à me les pro-poser.

D. Quand on défriche & qu'on laboure une terre inculte, pour le peu qu'elle soit d'un bon grain, il arrive toujours qu'elle produit pendant plusieurs années de suite,

des récoltes abondantes sans le secours d'aucuns fumiers, je n'en
sçai pas la raison?

R. Elle est bien simple, une terre
inculte est une terre reposée qui
s'est imprégnée, de longue main,
des influences de l'air, & qui en a
pu faire une ample provision, tant
que cette provision dure elle produit avec abondance, & quand elle
est épuisée, les choses changent,
& il faut amander cette terre, sans
quoi on risque de n'en plus rien
tirer.

D. Quand on cesse de labourer
les terres où d'anciens arbres à
fruits se trouvent plantés, il arrive
toujours que ces arbres dépérissent
en fort peu de tems, je ne com-
prens pas pourquoi cela arrive?

R. La chose n'est cependant pas
difficile, quoique les racines des
arbres plantés dans des terres labourables ne puissent pas ramper
tout-à-fait sur la superficie, elles

ne laissent pas de profiter abondamment des influences de l'air,
parce qu'à chaques labours, le dessus de la terre qui s'en trouve pénétré, est porté vers elles pour les
nourrir, quand on cesse de labourer ces terres, le dessus s'affaisse &
se durcit, les influences de l'air ne
peuvent les pénétrer, & il arrive
que les racines qui font à une certaine profondeur, manquent de la
nourriture nécessaire & accoutumée; voilà la cause du dépériffement de ces arbres, & souvent celle
de leur mort.

D. On voir des Jardiniers qui
donnent avec la houe & la ser-
fouette, différens labours à leurs
plantes pendant leurs accroiffe-
mens, on en voit d'autres moins
laborieux qui n'y font aucun travail depuis le premier labour qu'ils
ont donné à leurs terres. J'ai toujours trouvé que les plantes auxquelles on avoit donné plusieurs

A iv

labours pendant leurs accroissemens, étoient infiniment supérieu-
res pour la beauté à celles dont la
terre n'avoit été remuée ni travail-
lée depuis le premier labour, j'ai
demandé la raison de cette différence à plusieurs Jardiniers qui ne
m'ont rien dit là-dessus de clair ni
de satisfaisant, pourriez-vous le
faire ?

R. Oui, des labours souvent ré-
pétés ouvrent & multiplient les
pores intérieurs de la terre, ils la
mettent en état de recevoir & d'admettre comme il faut les influences de l'air ; ainsi, à la faveur de
ces labours fréquens, la terre se
trouve avoir toutes les facilités
qui conviennent pour se fertiliser
& pour nourrir abondamment les
plantes. Il n'en est pas de même
d'une terre reposée & qu'on néglige de travailler, le dessus d'une
pareille terre s'affaisse & se durcit,
dans cet état, elle ne reçoit que

difficilement & avec lenteur, les influences de l'air dans ses pores ; en conséquence, elle ne peut acquerir la même fertilité que celles qui sont travaillées. Voilà la raison pour laquelle les plantes ne font pas le même progrès dans une terre reposée, que dans celles qui reçoivent de fréquens labours, vous devez sentir par-là combien il est intéressant de travailler souvent les terres pendant l'accroissement des plantes ; mais je dois vous observer que ces fréquens labours doivent être donnés, autant qu'il est possible, par un beau tems, & quand les terres sont suffisamment séches.

D. Un Laboureur de ma connoissance a fait porter, il y a cinq ans, dans son champ, une butte de terre assez considérable qui se trouvoit dans un chemin voisin, & qui étoit de la même nature que celle de son champ, il espéroit que cette

terre neuve fertiliseroit la sienne ;
mais il a été trompé , car, depuis
ce tems-là , sa terre lui a produit
de moindres récoltes que celles
qu'il faisoit auparavant ?

R. Je n'en suis point surpris, on
restera dans les ténébres & on s'é-
garera souvent dans la pratique ,
tant qu'on voudra suivre & s'en
tenir à l'ancien systême. Notre Laboureur a cru la terre de la butte
qu'il a enlevée fertile dans toute sa
profondeur & il s'est trompé. La
fertilité des terres ne s'étend jamais qu'à la profondeur où les influences de l'air & les amandemens ont pu les pénétrer ; si ce Laboureur se fût contenté de prendre seulement la superficie de la
butte qu'il a enlevée jusqu'à huit à
dix pouces de profondeur, il auroit infailliblement réussi , & il n'a
gâté son champ que parce qu'il y a
apporté la terre du fond de cette
butte qui n'avoit aucune fertilité.

D. Voudriez-vous me dire pourquoi les arbres qui n'ont qu'une racine pivotante, ne réuſſiſſent pas à beaucoup près auſſi bien que ceux qui en ont pluſieurs en patte d'oye?

R. Cela provient de ce que les influences de l'air ne réſidans le plus ſouvent que dans le premier fer de la ſuperficie de la terre, les arbres qui n'ont qu'une racine pivotante, ne peuvent en profiter comme il faut, cette racine pénétre & s'enfonce trop profondément dans la terre, & elle n'a pas la même facilité que celles en patte d'oye pour ſe nourrir des influences de l'air & des amendemens.

CHAPITRE II.

Sur les différentes qualités des Terres.

D. TOUTES les terres ne sont pas d'une même qualité ; on trouve entr'elles beaucoup de différences, je serois fort aise d'en sçavoir la raison, & je demande d'abord pourquoi la plûpart des terres glaises sont stériles ?

R. C'est parce qu'elles n'ont point de pores ; sans pores, elles ne peuvent s'impregner des influences de l'air ni des sucs du fumier, & c'est précisément là, la cause de leur stérilité.

D. Les terres arides & sablonneuses, sont ordinairement mauvaises ; pourquoi le sont-elles ?

R. C'est parce qu'elles sont trop poreuses, leur trop de porosité fait que beaucoup de matieres des in-

fluences de l'air ne peuvent s'y
fixer & y faire leur effet, les particules aqueuses s'y dissipent trop-
tôt, soit en repassant dans l'air,
soit en pénétrant dans l'intérieur
sans séjourner, comme il convient
dans le premier fer de la superficie, les sels n'y trouvent pas l'humidité nécessaire pour les dissou-
dre, ils y demeurent par consé-
quent sans attention, & c'est précisément cela qui fait obstacle à
leur fertilité.

D. Les terres fortes, argilleuses & humides, passent également
pour mauvaises, pourriez-vous
aussi m'en dire la raison?

R. C'est parce qu'elles ne sont
pas suffisamment poreuses pour
boire leur eau; l'eau qui séjourne
dans les tems humides sur la superficie de ces terres, les rend froi-
des & difficiles à travailler, elle
est souvent la cause que les sucs
s'y altèrent & y perdent leur qua-

lité, & c'est précisément là la cause de leur peu de fertilité.

D. Vous prétendez donc que c'est le grain de la terre & son plus ou moins de porosité, qui font toujours sa bonne ou sa mauvaise qualité ?

R. Oui, la plûpart des terres glaises étant stériles parce qu'elles manquent de pores, les terres arides & sablonneuses, ainsi que celles qui sont fortes, humides & argilleuses, étant mauvaises parce qu'elles sont trop & trop peu poreuses, je crois pouvoir dire qu'une terre, pour être bonne, doit être poreuse dans le degré qui convient pour admettre & pour conserver dans une juste proportion les différentes matieres des influences de l'air & des amandemens.

D. Cela suffit-il pour la rendre tout-à-fait bonne?

R. Non, il faut encore qu'elle soit bien exposée, c'est-à-dire,

qu'elle ne soit pas privée de la lu-
miere du soleil, parce que c'eſt lui
qui, par la chaleur qu'il lui com-
munique, dilate ſes ſucs, les fait
fermenter & les met en mouvement pour la nourriture des plantes.

D. Pourriez-vous m'enſeigner la
maniere de connoître & de diſtin-
guer les bonnes terres d'avec les
mauvaiſes, tant par rapport au goût
que par rapport à la qualité?

R. Je vais faire de mon mieux
pour vous ſatisfaire.

Par rapport au goût, je prendrois, pendant l'été, une poignée
bien ſéche de la terre que je voudrois éprouver, je la choiſirois pu-
re & ſans mêlange d'aucunes aman-
diſes. Je la mettrois infuſer, pendant ſix heures, dans un grand go-
belet d'eau, & après ce tems, je
paſſerois l'eau dans un linge fin, je
laiſſerois enſuite repoſer l'eau afin
qu'elle puiſſe ſe clarifier; après

cela, je la goûterois & j'estimerois ma terre bonne à cet égard, si je trouvois l'eau sans aucun goût ni saveur.

Par rapport à la qualité, je prendrois le tems que ma terre est poursuivie pour jacheres & qu'elle a été nouvellement labourée & bien ameublie, je choisirois l'été pour faire mon épreuve, & quand je trouverois deux jours de beau tems après une pluye abondante, je m'y transporterois le troisiéme jour, je ferois fouiller ma terre, avec une bêche, dans différentes parties. Si je trouvois la superficie trop séche & comme une espèce de cendre, jusqu'à trois à quatre pouces de profondeur, je dirois, ma terre est trop poreuse, conséquemment elle est mauvaise, si au contraire je la trouvois grasse & colante à la bêche jusqu'à la profondeur ordinaire des labours, je dirois encore, ma terre est mauvaise; mais c'est parce qu'elle

qu'elle n'est pas suffisamment poreuse: enfin, si avec une certaine
moiteur je la trouvois en état d'ê-
tre labourée sur le champ, de maniere que les molécules puissent
se bien diviser & ne former aucuns
pelotons ni grosses masses, je dirois, ma terre est poreuse dans le
degré qui convient pour admettre
& pour conserver dans une juste
proportion, les différentes matieres des influences de l'air & des
amandemens, & conséquemment
elle est bonne.

CHAPITRE III.

Sur les Sucs de la Terre.

D. IL paroît par vos réponses
précédentes que vous ne re-
connoissez pas dans toutes les terres des qualités propres à admettre & à conserver les mêmes sucs?

B.

R. Cela eft vrai, fi toutes les terres avoient les qualités propres à
admettre & à conferver les mêmes
fucs, il s'enfuivroit néceffairement
qu'elles feroient égales en bonté,
& conféquemment propres aux
mêmes productions; mais cela n'eft
pas, vous fçavez comme moi que
dans une même plaine, & fouvent
dans un fort petit canton, nous
trouvons quelque fois des pieces
de terres propres à produire du
chanvre, & qu'à peu de diftance
de ces piéces de terres, propre au
chanvre, nous en trouvons fouvent d'autres d'une qualité infé-
rieure qui ne font bonnes que pour
du bled & quelquefois même pour
du feigle, cette différence dans le
rapport & les productions de ces
terres, prouve bien fenfiblement
qu'elles ne contiennent pas les mêmes fucs.

D. On remarque que les terres
qui portent du chanvre font ordi-

nairement les meilleures, & qu'in-
dépendemment du chanvre, ces
mêmes terres font le plus souvent
en état de produire de bons bleds
& beaucoup d'autres plantes d'une
très-bonne nature, il n'en eft pas
de même des terres propres au bled
& au feigle, on remarque que le
chanvre auroit de la peine à y réuffir, & qu'il ne peut y venir comme
il faut; voudriez vous me dire d'où
cela provient?

R. Cela provient de ce que les
terres qui portent du chanvre contiennent des fucs plus abondans &
plus parfaits que celles qui ne font
bonnes que pour du bled ou pour
du feigle.

D. Toutes ces terres font fous
le même ciel; elles reçoivent les
mêmes influences de l'air & font
amandées des mêmes fumiers, d'où
pourroit donc provenir la différence de leurs fucs?

R. Cette différence provient de

ce qu'elles ne font pas également poreufes ; n'étant pas également poreufes, elles n'admettent & ne confervent pas également bien les différentes matieres des influences de l'air & des amandemens.

D. Vous trouvez donc que la bonne ou la mauvaife qualité des fucs provient du plus ou du moins de porofité des terres ?

R. Oui, je n'en doute nullement, & pour vous en convaincre, je vous obferverai que le plus fûr moyen dont on peut faire ufage pour parvenir à bonifier les mauvaifes terres, c'eft de faire un mêlange de celles qui ont des qualités contraires, comme de porter dans une terre aride & fablonneufe, des terres fortes & argilleufes, & dans une terre forte & argilleufe, des terres arides & fablonneufes.

D. Ce fait eft-il bien certain, & doit-on y ajouter foi ?

R. Vous ne pouvez me le con-
tester puisqu'il est fondé sur l'expérience, il m'autorise à dire que ce
mêlange ne rend les terres meilleures que parce qu'il répare en
elles les défauts qui se trouvent
dans leurs degrés de porosité, pour
vous rendre cette vérité sensible,
il ne faut que considérer ce que
sont les terres avant le mêlange.
Elles sont trop & trop peu poreuses; dans cet état, elles ne peuvent
admettre & conserver qu'impar-
faitement les différentes matieres
des influences de l'air & des amandemens, elles n'ont conséquemment que des sucs d'une qualité
médiocre & peu propres à la nourriture des bonnes plantes; après le
mêlange, les pores sont changés
en mieux, parce que le défaut de
l'une de ces terres a été corrigé
par celui de l'autre; au moyen de
cela, les influences de l'air & les
amandemens, y font le bon effet

qu'on doit en attendre, & les sucs
se trouvent avoir les bonnes qualités qui conviennent aux meilleures plantes.

D. Vous m'étonnez : il est donc
au pouvoir de l'homme de changer la nature de la terre, & de rendre bonnes celles qui sont mauvaises ?

R. Oui, toutes sortes de terres
peuvent être bonifiées & rendues
fertiles, je n'excepte pas même la
terre glaise qui peut l'être avec un
mélange de sable pur.

D. Est-il vrai de dire que les
plantes s'affament & se dérobent
entr'elles la nourriture dans un
même champ ?

R. Oui, la plûpart des plantes
peuvent se nourrir des mêmes sucs ;
mais les mêmes sucs ne conviennent pas également bien à toutes
les plantes, & comme je vous l'ai
fais sentir ci-devant, il en faut
à plusieurs de plus abondans &

de plus parfaits qu'à d'autres.

D. Une plante sera un poison ; elle sera voisine d'autres qui seront excellentes & bonnes à manger ; ces différentes plantes peuvent, selon nous, se nourrir des mêmes sucs, cela me paroît un peu difficile à croire ?

R. Votre difficulté cessera quand je vous aurai dit que ce sont les organes des plantes qui façonnent les sucs qu'elles reçoivent, & qui rendent ces mêmes sucs propres aux productions, conformes à leurs espèces.

D. Pourriez-vous me prouver cela par quelque exemple ?

R. Oui, ce fait se prouve par les racines des arbres qui se greffent ; ces arbres, pour la plûpart, portent un fruit fort mauvais, & par le moyen de la greffe, on parvient à leur en faire porter de bon. Dans cette opération, on coupe toujours le tronc ou les branches de l'arbre, mais on ne touche pas aux racines : ainsi il n'est pas possible de croire que les pores de ces racines puissent admettre depuis la greffe pour la nourriture du bon fruit, d'autres sucs que ceux qu'ils admettoient auparavant pour nourrir le mauvais.

CHAPITRE IV.

Sur la profondeur des Labours.

D. NOUS avons des terres qui n'ont guere de fond, c'est-à-dire, qui ne sont bonnes que depuis quatre jusqu'à sept à huit pouces de profondeur, & nous en avons d'autres qui conservent leur bonté jusqu'à deux pieds & quelquefois d'avantage : pourriez-vous me dire d'où provient cette différence de bonté ?

R. C'est à cet égard le grain &

la

la coleur de la terre qui décident
le plus souvent, celles qui conservent le même grain & la même
couleur qu'elles ont sur la superficie jusqu'à un pied ou deux de
profondeur, sont ordinairement
meilleures que celles où le grain
& la couleur changent à la profondeur de quatre, six & huit pouces.

D. Peut-on labourer toutes les
terres à la même profondeur ?

R. Non, & ce qui me fache le
plus, c'est de ne pouvoir vous donner là-dessus aucunes regles fixes ;
je vous ai dit ci-devant que la fertilité des terres ne s'étendoit qu'à
la profondeur où les influences de
l'air & les amandemens pouvoient
les pénétrer, je vous ajoute que
ces mêmes influences & amandemens les pénétrent toujours plus
ou moins bien selon leurs différens
degrés de porosité ; ainsi réglez-
vous là dessus pour la juste pro-

C

fondeur du labour de vos terres,
c'est pour vous une attention si
nécessaire que si vous allez au-de-
là de cette juste profondeur, vous
risquez de rendre vos terres infertiles pour plusieurs années.

D. Ne se trouve-t-il pas quelquefois des terres qui peuvent être
labourées plus profondément qu'à
l'ordinaire?

R. Oui, qudand la terre conserve un bon grain quelques pouces
plus bas que la profondeur ordinaire des labours, le Laboureur qui
amande beaucoup & souvent peut,
sans rien craindre, ramener un pouce ou deux de nouvelle terre sur la
superficie, il parvient même quelquefois par-là à bonifier sa terre &
à se procurer des meilleures récoltes, mais cela n'arrive guere que
dans le cas où le pouce ou deux de
nouvelle terre qu'il a ramené sur la
superficie, ont pu, avant de voir
le jour, se bien impréger des sucs

du fumier qu'il a verſé avec abondance dans cette même terre.

D. N'avons - nous pas encore
d'autres terres qu'on peut labourer plus profondément qu'à l'ordinaire ſans riſquer de les rendre
infertiles ?

R. Oui, nous en avons de deux
ſortes, je vais vous les détailler.
Les terres qui ſe trouvent ſituées
dans les vallées, ainſi que celles
qui avoiſinent les Villes & les Villages, ſont ordinairement les meilleures, la plûpart peuvent être labourées profondément & il ne faut
pas en être ſurpris; les terres des
lieux montueux deſcendent petit
à petit dans les vallées, les eaux
de pluye qui les y charient enlé-
vent en même-tems partie des engrais qu'on y dépoſe, il arrive de
là que ces terres montueuſes s'ap-
pauvriſſent, & qu'à meſure que
l'eau les entraînent, le volume qui
faiſoit leur fertilité diminue, il

arrive en même tems que le volume ou l'épaisseur de fertilité de celles des vallées augmentent, & c'est la raison pour laquelle la plûpart peuvent être labourées profondément.

A l'égard des terres qui avoisinent les Villes & les Villages, comme elles ont reçues dans tous les tems beaucoup plus d'engrais que celles qui en sont éloignées, & que d'ailleurs les influences de l'air s'y répandent avec beaucoup plus d'abondance que dans les terreins des campagnes, elles se sont bonifiées petit à petit, les sucs du fumier & les influences de l'air les ont pénétrées au de-là de la profondeur ordinaire des labours, & c'est la raison pour laquelle la plûpart de ces terres peuvent être aussi labourées profondément.

D. Les terres qui ne conservent le grain & la couleur de leur superficie que jusqu'à quatre, six &

huit pouces, ne doivent donc jamais être labourées qu'à ces mêmes profondeurs ?

R. Non, quand on en use autrement, on risque de rendre ces terres infertiles pour plusieurs années, & cela s'appelle, en terme Picard, châtrer les terres.

D. Pourriez-vous me dire au juste le tems que doit durer le peu de fertilité des terres qu'on a labourées trop profondément ?

R. Non, les terres qui n'ont jamais vû le jour & qu'on ramene sur la superficie en les labourant, se fertilisent & deviennent fécondes avec le tems ; mais ce tems n'est pas toujours égal, il est plus ou moins long selon leurs différens degrés de porosités, c'est-à-dire, suivant leur capacité pour admettre & pour conserver les différentes matieres des influences de l'air & des amandemens.

CHAPITRE V.

Sur le tems & la maniere de labourer les Terres & de les fumer.

D. QUEL est le tems le plus convenable pour faire de bons labours ?

R. C'est pendant l'automne.

D. Pourquoi estimez-vous ces labours meilleurs que ceux qui se font dans les autres saisons ?

R. C'est parce qu'ils conviennent mieux pour attenuer la terre & la rendre legere & meuble.

D. Je ne conçois pas comment les labours faits pendant l'automne, peuvent rendre les terres plus meubles & plus legeres que ceux des autres saisons : pourriez-vous me dire d'où cela provient ?

R. Je crois devoir en attribuer la cause aux gélées de l'hyver ; la

gélée augmente certainement le
volume des liqueurs, une bouteille
pleine d'eau qu'on expose à la gélée se casse aisément, par la même
raison, l'eau qui réside dans les pores de la terre & qui s'y glace,
doit, en augmentant son volume,
forcer les molecules à se rompre
& à se diviser, & par-là, la terre
devient legere & meuble; quoi-
qu'il en soit, une terre legere &
meuble a beaucoup plus de facilité qu'une autre pour se bien impregner des influences de l'air &
se fertiliser; ainsi je conseille aux
Laboureurs de donner, avant les
gélées, un premier labour, non-
seulement aux terres qu ils pour-
suivront pour jacheres, mais encore à celles qu'ils destineront
pour l'avoine & les autres grains
de Mars, je conseille la même chose aux Jardiniers, & je trouve qu'au
lieu de bêcher leurs terres uniment
& à plat comme ils ont coutume,

ils feroient très-bien de les mettre
grossiérement par petits tas ou buttes de douze à quinze pouces de
hauteur, & de les laisser dans cet
état pendant l'hyver.

D. Quels sont les risques que
coure un Laboureur qui attend le
mois de Mars pour donner un premier labour aux terres qu'il destine pour le bled, & à celles qu'il
prétend empouiller en avoine ou
autres grains de Mars?

R. Quand on attend le mois de
Mars pour donner un premier labour à une terre qu'on destine pour
le bled, si cette terre n'est pas suffisamment séche, le dur s'y met
aisément, dans les labours suivans
il est rare de la voir s'ameublir comme il faut, en conséquence elle ne
se trouve pas en état de bien admettre les influences de l'air pour
se fertiliser.

Si cette même terre est destinée
pour l'avoine ou pour d'autres

grains de Mars, le labour qu'on lui donne avant qu'elle soit suffisamment séche, ne manque guere de produire une infinité de mottes, qu'il est difficile de rompre & de casser, & quand on seme ou qu'on plante sur un pareil labour, on n'a le plus souvent qu'une très-médiocre dépouille.

D. Dites-moi, je vous prie, comment ces premiers labours, faits au printems, peuvent occasionner les mottes & le défaut de fertilité des terres?

R. Lorsqu'on attend le printems pour donner un premier labour à une terre qui se ressent d'humidité, pour le peu qu'elle soit d'une nature forte & grasse, l'oreille de la charrue fait l'effet d'une truelle de masson sur tous les sillons, en polissant, comme feroit une truelle la superficie de la terre sur chaque sillon, les pores se bouchent, la terre s'affaisse & se durcit sans se

divifer, en conféquence les influences de l'air ne peuvent la pénétrer, & c'eft précifément cela
qui occafionne les mottes & le
défaut de fertilité.

D. Cet inconvénient ne doit-il
pas arriver de même aux terres humides qu'on laboure avant & dans
le courant de l'hyver ?

R. Non, les gélées qui furvien-
nent lors de ces labours, ou peu
de tems après qu'ils font faits, fai-
fiffent la fuperficie de la terre, &
au lieu de voir cette terre fe dur-
cir & s'affaiffer, comme elle fait
au printems, on voit au contraire
qu'elle fe gonfle, l'eau qui réfide
dans fes pores fe glace, en conféquence elle augmente fon volume, les molecules font forcées de
fe divifer, & par-là la terre s'ameu-
blit mieux que fi elle avoit été labourée plufieurs fois.

D. Qu'elle eft la meilleure maniere de labourer les terres ?

R. On doit les labourer de façon que les espaces que la charrue retourne en formant les sillons, ne soient pas totalement renversées ; un labour trop plat & trop uni se matelasse & se durcit aisément, les influences de l'air n'y pénétrent qu'avec peines ; ainsi les meilleurs labours sont ceux dont les terres se trouvent un peu adossées les unes sur les autres.

D. Les tems secs & pluvieux conviennent-ils également pour le labour de toutes sortes de terres ?

R. Non assurément, les terres qui se ressentent de sécheresse & d'aridité, demandent d'être labourées dans des tems plutôt humides que trop secs, les terres humides au contraire, ne doivent jamais l'être que quand elles sont séches, &, autant que faire se peut, par un beau tems.

D. Comment pouvoir connoître quand une terre humide eſt dans l'état qui convient pour être la-bourée?

R. Rien n'eſt plus facile , un Laboureur qui ne veut point faire de fautes à cet égard , doit, en formant les premiers ſillons dans ſon champ , examiner ſi les molé-cules de ſa terre ſe diviſent comme il faut , & ſi elles ne retombent pas en maſſes & par pelotons dans le fond de ſes ſillons , car ſi cela arrive , c'eſt une marque que ſa terre eſt encore trop humide , & il doit différer & remettre ſon labour juſqu'à ce qu'elle ſoit plus ſéche.

D. Je conçois cela , mais un La-boureur aura tout à la fois beau-coup de terres humides dans l'état que vous trouvez convenable pour les labourer , il lui faudra pour cela un certain tems , & ſi les pluyes ſurviennent avant qu'il ait tout ſi-nis , il faudra donc qu'il abandonne

& qu'il remette le reste à un autre tems?

R. Il feroit fort bien de différer ; mais pour que les Laboureurs ne soient pas souvent réduits à cette nécessité, je voudrois leur voir une charrue & quelques chevaux de plus que ce qu'ils ont coutume d'en avoir pour leurs détentions, afin qu'ils puissent profiter des momens favorables & ne rien retarder ; au surplus, j'aimerois mieux trois labours donnés à propos, que six donnés dans des tems contraires.

D. Dans le cas où le Laboureur auroit une continuation de beau tems, pour finir à propos chacuns des labours qu'il doit donner à ses terres, il n'est pas douteux que les dernieres qu'il travaillera seront beaucoup plus séches que les premieres, n'y a-t-il sur cela aucuns risques à courir?

R. Non, je vous ai dit ci-devant

que les terres qui se ressentent de
sécheresse & d'aridité, deman-
doient d'être labourées dans des
tems plutôt humides que trop secs,
mais à la réserve de celles-là, on
ne pêche pas en labourant les
autres quelques séches qu'elles
soient.

D. J'ai cependant vu labourer
des terres humides & argilleuses
qui étoient extrémement séches,
& je me suis apperçu qu'en formant les sillons, ces terres s'éle-
voient en masses & qu'elles ne se
divisoient qu'avec peine, selon
vous, cela me paroîtroit un mal?

R. Point du tout, il y a une
grande différence à faire entre les
terres qui se lèvent en masses par
trop d'humidité, & celles auxquelles la même chose arrive par
trop de sécheresse; les premières,
hors le tems des gélées, se durcis-
sent & se gâtent, & les secondes
s'ameublissent & se fertilisent en

tout tems. Un peu d'usage vous
convaincra de cette verité ; vous
trouverez même que la plûpart
des terres argilleuses sont d'un
excellent rapport pour le froment,
pourvu qu'on ne les laboure que
quand elles sont suffisamment séches.

D. N'avons-nous pas aussi des
saisons plus propres les unes que
les autres pour fumer les terres?

R. Oui, les terres qui se ressentent de sécheresse & d'aridité doivent être amandées avant l'hyver,
& autant que faire se peut avec du
fumier de vaches qui soit bien
pourri, toutes les autres, & en
particulier, celles qui boivent difficilement leur eau, ne doivent jamais l'être que dans les beaux jours
du printems, quand elles sont suffisamment séches & en état d'être
labourées d'une maniere convenable.

D. On prétend qu'il ne faut ja-

mais enterrer les bonnes plantes
ni aucunes mauvaifes herbes, je
fçais des gens qui traitent cet ufage de pernicieux; feriez-vous du
même fentiment ?

R. Non, tout ce qui fort de la
terre, engraiffe la terre en y ren-
trant; j'ai confeillé à plufieurs Laboureurs qui manquoient de fumiers pour leurs jacheres, d'y femer fur le fecond labour, des
grains de Mars, tels que vefces,
bifailles ou farrafins, plufieurs l'ont
fait, ils ont enterrés ces plantes au
troifiéme labour & ils s'en font
bien trouvés, l'attention qu'il faut
avoir en enterrant les bonnes plantes ou les mauvaifes herbes, c'eft
de le faire avant qu'elles foient en
fleurs, afin qu'il n'en réfulte aucunes graines capables d'endommager le bon grain.

D. Quel inconvénient y auroit-
il à amander une terre féche & aride au printems & avec de longs fumiers ? *R.*

R. Les longs fumiers n'ont pas
à beaucoup près des sucs si gras ni
si bons que ceux qui sont pourris,
je les regarde comme une foible
ressource, sur-tout pour des terres
séches & arides, quand on les porte au printems sur de pareilles terres, ils les soulevent & les tiennent
en l'air ; ils ne peuvent s'y pourrir
& s'y consommer faute d'humidité, & il arrive qu'au lieu de fertiliser ces terres, ils ne servent le
plus souvent qu'à les échauffer d'a-
vantage ; les fumiers de vaches bien
pourris & portés avant l'hyver, font
un effet tout contraire, à la faveur
des pluyes de l'hyver ses sucs ont
le tems de se répandre & de se bien
distribuer dans les pores de la terre, qui, par-là, se trouve fertili-
sée & en état de produire.

D. Trouveriez-vous aussi quelques inconvéniens à amander les
terres humides avant & dans le
courant de l'hyver ?

D

R. Oui, les fucs du fumier ne peuvent fe répandre & fe diftribuer comme il convient dans les pores d'une terre qui regorge d'eau, ces fucs s'y alterent, le long féjour de l'eau peut même les aigrir & leur faire perdre leur qualité : foyez perfuadé que les fucs qui s'altérent & qui s'aigriffent, foit par un défaut dans la culture des terres, foit par la mauvaife maniere de les amander, font toujours très-dommageables aux plantes, je croirois même affez volontiers que ce font ces fucs altérés ou aigris, qui contribuent plus que toutes autres chofes, à nous procurer des bleds tachés de brouzures, c'eft-à-dire des bleds noirs & charbonés.

D. Quoi ! vous penfez que les bleds noirs proviennent de la mauvaife qualité des fucs de la terre ?

R. Je ne vous l'affure pas pofitivement, mais j'ai fouvent remar-

qué que les Laboureurs qui labou-
rent, fument & sement leurs terres dans les tems propres & d'une
maniere convenable, sont moins
sujets à en avoir que d'autres.

D. Les intemperies de l'air & le
dérangement des saisons ne peu-
vent-ils pas aussi altérer les sucs de
la terre ?

R. Oui, & c'est vraisemblablement la raison pour laquelle nous
avons plus de bleds noirs dans de
certaines années que dans d'autres ;
il y a beaucoup à craindre quand il
survient des pluyes abondantes
dans le tems des semences, aussi
bien que quand les printems sont
froids & pluvieux, le vent du nord,
dans la même saison du printems,
est aussi à appréhender, ce vent est
froid & sec, & comme tel il se
trouve très-contraire à la végétation qui ne demande que de l'humide & de la chaleur, il ne dépose
rien de favorable à la terre pendant

fa durée ; les plantes de bled ne font pas nourries, & fouvent on les voit dépérir plutôt que de les voir taller & profiter.

D. Les Laboureurs ont différen-recettes pour préparer leurs bleds de femence, on en voit plufieurs qui fe fervent, pour cet effet, d'un lait de chaux, & il s'en trouve d'au-tres qui font ufage des eaux qui découlent des fumiers avec du fal-pêtre, des cendres, de l'arfenic, de la fiente de pigeons, &c. la plû-part de ces Laboureurs prétendent que les préparations dont ils fe fer-vent, font feules fuffifantes pour les préferver des bleds noirs, pen-fez-vous que cela foit vrai ?

R. Non, je ne crois pas ces dif-férentes préparations infaillibles ; je ne les regarde que comme de puiffans engrais dont l'effet ne peut être le même dans toutes for-tes de terres, le grain de bled qui fe trouve pénétré d'un lait de chaux

ou des autres matieres qui entrent
dans ces différentes préparations,
porte avec lui un suc capable d'augmenter la fertilité des terres, ces
preparations peuvent empêcher
les bleds noirs & contribuer à nous
en donner de parfaits : mais cela
n'arrive que dans les terres qui ont
été bien labourées, fumées à propos, & semées dans le tems convenable : il n'en est pas de même
de celles dont les sucs se trouvent
altérés, soit par une mauvaise culture, soit par les intemperies de
l'air ; je ne crois pas ces différentes
préparations suffisantes pour corriger les défauts de pareilles terres
& nous préserver des bleds noirs.

D. Approuvez-vous la pratique
de ceux des Laboureurs qui renou-
vellent & qui changent leurs semences tous les trois ou quatre
ans ?

R. Oui, je sçais qu'il en résulte
un bien ; mais je ne suis pas assez

habile pour vous dire comment ce bien se fait. Quelqu'un plus sçavant que moi pourra le faire par la suite. Une chose que je vous recommande très-expressément, c'est de n'employer d'autres grains pour vos semences que ceux que vous sçaurez avoir été recueillis dans une parfaite maturité, & qui seront d'ailleurs bien purs, bien nets, & d'une bonne nature & qualité, la farine qui se trouve renfermée dans chaque grain de semence, nourrit le germe jusqu'à ce qu'il ait acquit une certaine force, & qu'il soit en état d'étendre ses racines dans la terre pour y trouver une nouvelle nourriture. Cette farine est le lait de l'enfance pour les plantes, & lorsque ce lait péche dans sa qualité, il arrive que les plantes s'élévent avec langueur, elles peuvent devenir sujettes à beaucoup de maladies, & ce qu'il y a de plus fâcheux, c'est que les graines qu'elles produifent, n'ont fouvent pas les bonnes qualités qui conviennent pour perpétuer leurs efpèces fans altérations.

D. Le Laboureur qui a recolté beaucoup de bleds noirs, peut-il, dans la néceffité, fe fervir de ces mêmes bleds pour enfemencer fes terres?

R. Oui, j'ai cent exemples de Laboureurs qui ont été dans l'obligation de femer des bleds noirs & qui ne s'en font pas mal trouvés.

D. Parmi les Laboureurs qui ont fait ufage des cendres de la terre de houille, il s'en trouve plufieurs qui les blâment, parce qu'elles ne leur ont pas réuffi, on en voit d'autres qui les eftiment, parce qu'ils les ont employés avec fuccès, pourriez vous me dire d'où provient cette différence de fentimens fur la qualité de ces cendres, & pourquoi elles ne réuffif-

sent pas aux uns comme aux autres?

R. Il n'y a guere plus de deux
ans que j'ai commencé à faire des
expériences sur ces cendres, je les
crois propres à fertiliser les terres;
mais je trouve qu'il y a beaucoup
de précautions à prendre pour les
employer avec succès; voici, autant que je l'ai pû connoître, celles de ces précautions qui me pa-
roissent les plus nécessaires.

Premierement, il faut que les
terres soient suffisamment ameublies pour pouvoir les recevoir &
les bien admettre dans leurs pores.

Secondement, comme elles ont
beaucoup de chaleur, il faut les
semer de bonne heure, c'est-à-dire,
dans le commencement de l'hyver
& toujours par un tems plutôt humide que trop sec.

Troisiémement, il faut sçavoir
connoître les terres & s'appliquer

à

à ne leur donner que la quantité
juſte de cendres qui peut convenir
à leurs différentes natures & qualités. Quand on pêche ſur quel-
ques-unes de ces précautions, il
n'eſt pas poſſible de tirer de ces
cendres les avantages qu'elles peuvent produire : auſſi j'eſtime que
c'eſt le manque de ces mêmes précautions qui fait qu'elles ne réuſſiſſent pas également bien à tous
les Laboureurs.

D. Voudriez vous me faire part
des remarques que vous avez pu
faire ſur l'uſage & l'emploi de ces
cendres ?

R. Les Laboureurs, qui atten-
dent à les ſemer en même tems
que leurs grains de mars, riſquent
toujours deux choſes : quand le
printems eſt ſec, elles brulent les
plantes, & quand il eſt humide
& pluvieux, ces mêmes plantes
viennent avec abondance ; mais
en donnant beaucoup de fourages

E

elles ne produifent le plus fouvent
que très-peu de grains. Pour ef-
fayer de parer à ces deux inconvéniens, j'ai fait une expérience qui
m'a réuffi. J'ai fait donner avant
l'hyver un labour à des terres qui
étoient deftinées pour des grains
de mars, j'ai fait femer des cendres
fur ces labours les premiers jours
de Février, & les grains de mars
ayant été femés dans la faifon
ordinaire, fur un feçond labour,
ces terres fe font trouvées fertili-
fées & ont produit de bonnes récoltes. Cette expérience me porte
à croire qu'on pourroit tenter à
peu près la même chofe pour les
terres en jacheres ; on feroit labourer ces terres avant l'hyver,
on répandroit des cendres fur ce
premier labour au commencement
de Février, on y porteroit une
demie amandife de bon fumier
dans les beaux jours du printems,
quand la terre feroit fuffifamment

seche & en état d'être labourée d'une maniere convenable, on enfouiroit ensuite ce fumier avec les cendres, on continueroit de donner les labours à l'ordinaire jusqu'au tems des semences, & je compte qu'on s'en trouveroit bien.

Une chose qui empêche les Laboureurs de tirer de ces cendres les avantages qu'elles peuvent produire, c'est qu'ils ne font pas toute l'attention qu'ils doivent sur la nature & la qualité de leurs terres. Les terres fortes, argilleuses & humides demandent certainement beaucoup plus de cendres que celles qui sont légeres & sablonneuses ; ainsi vous devez sentir que les Laboureurs pêchent quand ils sement une égale quantité de cendres sur toutes sortes de terres ; il est essentiel pour eux de s'assurer de la quantité juste qui peut convenir à chacunes de leurs terres ; c'est-là le seul point difficile, parce qu'après cela, en semant les cendres plutôt que plus tard par un tems humide dans des terres qui soient suffisamment ameublies pour les recevoir dans leurs pores, il n'est pas douteux qu'ils réussiront.

D. Pourroit-on, à défaut de fumiers, se servir plusieurs fois de ces cendres pour amander les mêmes terres ?

R. Je ne le pense pas. Le fréquent usage de ces cendres, aussi bien que la trop grande quantité pourroient les gater & les rendre moins fertiles par la suite ; elles conviennent aux terres fortes, argilleuses & humides plus qu'à aucunes autres, parce qu'elles ont la propriété d'échauffer fortement les terres & de les rendre plus légeres & plus aisées à travailler, mais en rendant les terres plus légéres & plus aisées à travailler, il est à craindre que cet engrais ne les desseche & ne les rende trop poreuses; ces terres devenues trop poreuses, ne pourroient plus avoir la même fertilité; ainsi il faut être en garde sur l'usage de ces cendres & ne les employer qu'avec prudence & ménagement. Le fumier est le plus naturel & le meilleur de tous les engrais, les suites n'en sont point à craindre; on doit toujours le préférer & ne pas négliger longtems d'en porter sur les mêmes terres; je crois devoir vous dire qu'il y a aussi des risques à courir pour ceux qui employent les cendres qui proviennent des gazons ou des terres que l'on brûle. Ces cendres n'ont pourtant pas a beaucoup près la même chaleur que celles de la terre de houille; mais malgré cela j'en crois l'usage dangereux, surtout pour les cendres qui sont poreuses par elles-mêmes. Si j'avois à me servir de ces gazons, je pré-

fererois de les employer de la maniere suivante.

Je ferois lever les gazons avec
la terre de deſſous de l'épaiſſeur
d'un fer de bêche pendant l'automne, j'en formerois des tas en
rondeur & creux dans le milieu,
je laiſſerois voir quelques petits
vuides entre les gazons afin que
l'air puiſſe y paſſer, & après avoir
laiſſé expoſés tous les tas aux
influences de l'air pendant l'hyver, je les ferois porter dans mes
terres pendant les beaux jours du
printems.

D. J'ai ſouvent oui dire que la
marne enrichiſſoit les peres &
qu'elle faiſoit la ruine des enfans.
Pourriez-vous m'en dire la raiſon ?

R. Je la crois la même que celle
que je viens de vous donner ſur
l'uſage des cendres de la terre de
houille. La marne eſt un puiſſant
engrais ; mais il en faut uſer avec
prudence & avoir beaucoup d'é-

gard à la nature des terres avant de l'employer ; elle a, ainsi que les cendres dont je viens de vous parler, la propriété d'échauffer les terres & de les rendre légeres & aisées à travailler ; c'est pourquoi elle convient aussi beaucoup d'avantage aux terres qui boivent difficilement leur eau qu'à aucunes autres. Quand on la met seule & en trop grande quantité sur les mêmes terres ; ces terres se dessechent petit à petit ; à mesure qu'elles se dessechent elles deviennent poreuses, & lorsque les terres sont une fois devenues trop poreuses, il est certain que leur fertilité baisse & qu'elle n'est plus à beaucoup près la même. Voilà la raison pour laquelle elle peut faire la richesse des peres & la ruine des enfans. Pour ne pas courir ces risques & entretenir les terres dans l'état de porosité qui leur convient pour être bonnes, il faudroit employër toujours du fumier avec une quantité de marne proportionnée à la nature des terres, c'eſt-à-dire, très-peu dans les terres légeres, & davantage dans celles qui ſont fortes, argilleuſes & humides. A l'égard de ceux qui ont le malheur d'avoir des terres qui ſont devenues trop poreuſes par l'uſage de la marne ou des cendres; il n'y a d'autre remede que de les faire labourer avant l'hyver deux ou trois pouces plus bas que la profondeur accoutumée, & de porter au printems, ſur ce labour, du fumier de vaches qui ſoit bien pouri. Quand après un an ou deux de repos pendant leſquels on leur donnera pluſieurs labours, cela ne ſe trouvera pas ſuffiſant pour leur rendre leur fertilité ordinaire, il faudra faire la dépenſe d'y rapporter des terres d'une qualité oppoſée, c'eſt-à-dire, des terres qui

ne soient pas suffisamment poreuses.

D. J'entend souvent parler de terres glaises, terres fortes, argil-leuses, grasses, visqueuses, arides, légeres, sablonneuses, &c. toutes ces qualifications m'embarassent, elles annoncent différens défauts dans les terres que je ne peus com-prendre. Ne pourriez - vous pas simplifier les choses à cet égard, & me dire si ces qualifications font tellement dissemblables qu'on ne puisse les réduire & les ran-ger dans deux ou trois classes?

R. Pour vous instruire autant bien qu'il m'est possible sur ces différentes qualifications, je n'ai qu'à rappeller ce que je vous ay dit ci devant.

Nous avons des terres qui ne font nullement poreuses, & nous en avons qui ne font pas suffisam-ment poreuses. Les défauts de tou-tes les terres en général peuvent être renfermés dans ces trois classes. Il pourra se trouver quelquefois un peu de plus ou de moins dans les différens dégrés de porosité, mais cela ne doit point nous arrêter.

Les terres impénétrables à l'eau sont stériles, parce qu'elles manquent de pores ; celles dans lesquelles l'eau s'insinue ou se dissipe avec trop de facilité sont mauvaises, parce qu'elles sont trop poreuses, & celles qui boivent difficilement leur eau sont encore mauvaises, parce qu'elles ne sont pas suffisamment poreuses. J'appelle les premieres, terres glaises ou terres à faire des pots ; les secondes terres légeres, arides & sablonneuses ; & les dernieres terres fortes & argilleuses. Tenez-vous en-là sur les différentes qualifications, & ne vous arrêtez pas avec trop de confiance à la couleur de la terre, parce que

cette couleur eſt quelquefois fau-
tive. Je vous répete que la bonté
des terres dépend de leur plus ou
moins de poroſité, & j'ajoute que
le moyen le plus ſur pour juger
de ce plus ou moins de poroſité,
c'eſt de voir & de bien examiner
comment elles boivent l'eau : ce
moyen eſt ſimple & facile; il ne
nous faut pour cela que des yeux
& une légere attention.

CHAPITRE VI.

Sur la maniere de bonifier les mau-
vaiſes Terres.

D. COMMENT peut-on boni-
fier les terres légeres &
arides ?

R. C'eſt en les rendant moins
poreuſes.

D. Les fumiers ſont-ils propres
pour corriger ce défaut?

R. Non pas tous. On pourroit même leur faire plus de tort que de bien si on usoit de fumiers trop chauds.

D. Vous m'avez dit ci-devant que le fumier de vaches, comme le moins chaud & le plus gras, convenoit à ces sortes de terres?

D. Cela est vrai ; ces fumiers sont les meilleurs de ceux qu'on peut employer pour les fertiliser ; mais pour les bonifier & en changer la nature le cas est différent ; je n'estime ces fumiers suffisans pour le faire, que dans le cas où on les employeroit avec abondance & fréquemment sur les mêmes terres.

D. Quand les terres seches & arides se trouvent montueuses, quelle est la meilleure façon de les labourer ?

R. Il faut, autant que faire se peut, éviter de les labourer en longueur suivant leur pente, il convient beaucoup mieux de les prendre en travers, & de former, le plus souvent qu'on peut, le premier pillon sur la crete, c'est-à-dire, sillon sur la partie de la terre qui se trouve la plus élevée ; de cette maniere les terres se trouvent adossées vers le haut, cela fait que les eaux de la pluie y font moins de ravages, & que le volume ou l'épaisseur de leur fertilité s'y conserve mieux. Cette observation n'est pas indifférente pour toutes les autres terres qui ont de la pente, sauf le cas où elles conververoient beaucoup d'humidité.

D. Comment peut-on bonifier les terres fortes & argilleuses ?

R. C'est en les rendant plus poreuses.

D. Que faut-il faire pour cela ?

R. Si elles se ressentent de beaucoup d'humidité, il faut commencer par les dessecher autant qu'il est possible, quand elles ont de la pente il est facile de le faire avec des fossés ou des sansuraux qu'on fait creuser de distance en distance pour donner à l'eau son écoulement libre. Lorsque le terrein n'a aucune pente, il faut faire percer & ouvrir une fosse dans l'endroit le plus bas pour que les eaux puissent s'y retirer. Cette fosse doit être creusée profondément, & pour la mettre en état de bien dessecher les terres qui seront à sa proximité, il faudroit faire ensorte que les eaux ne puissent s'y élever qu'à deux bons pieds près de son bord ; après cela il faudra avoir recours aux amandemens. La marne convient à ces sortes de terres aussi-bien que les fumiers chauds comme ceux des chevaux, anes , mulets, moutons & pigeons ; on peut encore employer utilement les cendres de la terre de houille & celle de suie de cheminée brulée , tous ces engrais font propres pour deffecher ces terres, les rendre plus légeres & par conféquent plus poreufes. Quand ces précautions ne feront pas jugées fuffifantes, on pourra les faire labourer en dos de bahut fans changer l'oreille de la charue, à fin que les eaux puiffent fe retirer dans le bas, & entre les monticules que ce labour forme fur la longueur du champ, vous comprendrez fans doute que quand je confeille ici l'ufage de la marne & des cendres, c'eft dans la penfée que vous ne vous fervirez de ces engrais qu'avec les ménagemens, & les précautions que je vous ai marqué ci-devant.

D. Quels font les autres moyens propres à changer la nature des mauvaifes terres & à les bonifier ?

R. Ces moyens confiftent, comme je l'ai dit, dans le mélange des terres qui ont des quantités contraires, & voici comment:

Les terres glaises se bonifient avec un mélange de sable pur, & le sable pur se bonifie avec le mélange des terres glaises.

Les terres arides & sablonneuses bonifient avec un mélange de celles qui sont fortes & argilleuses, & celles qui sont fortes & argilleuses par celui des terres qui sont arides & sablonneuses.

D. Je conçois cela, mais où prendre des terres qui pourront se trouver propres à ces différens melanges. Voudriez-vous que je gate une de mes piéces de terres pour en bonifier une autre?

R. Non pas s'il vous plaît, vous devez, autant qu'il sera possible, faire ramasser au commencement de l'hyver les boues & les immondices des rues, le limon des abreuvoirs d'eau dormante, & celui des marres & des étangs; vous formerez des tas en longueur de tou-

tes

tes ces terres ; vous pourrez donner à ces tas quatre à cinq piéds
de hauteur sur environ trois piéds
de largeur ; vous laisserez reposer
le tout pendant un an au moins
afin que les mauvaises graines puissent se détruire ; & après avoir
bien examiné la nature & la qualité des terres ainsi déposées, si
vous les trouvez légeres & sablonneuses, vous les porterez sur celles de ces terres qui se trouveront
fortes & argilleuses ; que si au contraire vous trouvez la terre de vos
tas forte & argilleuse , vous les
porterez sur celles de vos terres
qui sont légeres & sablonneuses ;
je vous conseille encore de faire
usage des décombres qui proviennent de la démolition des
vieux bâtimens. Si le mortié a été
fait avec l'argille & la chaux ,
portez ces décombres sur les terres légeres & sablonneuses. Si au
contraire il a été fait avec le sable

F

& la chaux, portez ces mêmes décombres fur les terres fortes & argilleufes, & même fur les glai-
feufes. Vous pouvez encore vous
fervir utilement de la pouffiere
des chemins battus & fréquentés
pendant l'été, pourvû que vous
ayez attention d'en bien examiner
la nature & la qualité, pour ne
la porter que dans celles de vos
terres auxquelles elle pourra convenir.

D. Si je ne fuis pas en place pour
me procurer les boues, les immondices & les autres terres dont
vous venez de me parler, où pour-
rai-je en prendre d'autres pour le
mélange qui me fera néceffaire?

R. Vous pouvez prendre les places vaines & vagues qui feront à
proximité de la terre que vous
voudrez bonifier, ou fur les buttes & les rideaux qui pourront fe
trouver dans les chemins voifins.
Si ces terres fe trouvent d'une qua-

lité opposée à la vôtre, vous y
prendrez un seul fer de bêche de
dix à douze pouces, vous en formerez des tas en rondeur & creux
dans le milieu, vous laisserez quelques vuides pour que l'air passe entre les terres. Ces tas resteront
exposés aux influences pendant un
hyver, après quoi vous en ferez
porter sechement dans celle de
vos terres à laquelle ils convien-
dront. Si par la suite vous êtes
obligé de prendre un second fer
dans ces mêmes parties, & si la
terre ne change point, vous en
formerez encore des tas pareils;
mais vous aurez attention de les
laisser exposés aux influences de
l'air pendant environ deux ans
avant de les porter dans vos terres, parce que ce second ne se
trouvera pas avoir la même fertilité que le premier.

Dans le cas où vous n'avez ni
places vaines & vagues, ni buttes

ni rideaux à proximité de votre terre pour la bonifier, je ne vois autre chofe à faire que de percer un ou deux trous dans cette même terre ou dans un endroit circonvoifin commode. Si vous êtes affez heureux pour y trouver à peu de profondeur un lit fuffifamment épais d'une terre qui puiffe convenir pour bonifier la vôtre, faites la tirer comme on tire la marne, mettez-là en plufieurs monceaux ; laiffez-là repofer fur la place pendant deux ans, avec la précaution de la travailler & mettre fans deffus deffous tous les trois ou quatre mois par un tems fec, & après cela vous pouvez la faire porter & répandre également dans votre terre.

Les terres les plus difficiles à bonifier font celles qui. avec peu de fond, fe trouvent affifes fur la carriere ou fur ces pierres de craie, les Seigneurs ou les Bourgeois qui

ont de ces terres n'entreprendront
jamais d'y faire le travail néceffaire pour les améliorer ; je ne le
leur conseillerois pas , parce que
la dépenfe feroit pour eux trop
confidérable ; mais s'ils pouvoient
fe réfoudre à donner des portions
de ces terres à cens & affermer
à des payfans laborieux des villages voifins moyennant une fom-
me très-modique , ces bonnes
gens à force de fouiller, de bri-
fer les pierres, & d'y apporter des
fumiers mélangés d'une terre convenable , furmonteroient toutes
les difficultés , & par un travail
opiniâtre qu'ils feroient pendant
l'hyver & à tems perdu, ils parvien-
droient à bonifier ces terres & à les
rendre fertiles ; il faudroit pour les
encourager leur accorder l'exemp-
tion de taille & de dixme fur
ces mêmes terres pendant vingt
ans. Ces terres, ainfi bonifiées, feroient des conquêtes pour l'état ,

& par ce moyen on parviendroit
furement à augmenter la popula-
tion.

D. Quand j'aurai fait un mélange
dans ma terre , comment pourrai-
je connoître qu'elle a le dégré de
porofité qui convient pour la rendre bonne ?

R. Ce fera en l'éprouvant de la
maniere que je vous ai expliqué
ci devant. La meilleure marque
de bonté pour les terres qui ne
font ni arides ni fablonneufes, c'eft
quand , après un jour ou deux de
beau tems précédés d'une pluie
abondante , on peut les labourer
facilement & de maniere que les
molecules puiffent fe bien divifer.

CHAPITRE VII, & *dernier*.

Sur la façon d'ensemencer les Terres.

D. APprouvez-vous la maniere de tenir les marchés de terres en folles réglées, c'est-à dire, d'en mettre le tiers en bled, le tiers en avoine & autres grains de mars, & de laisser l'autre tiers en jacheres ?

R. Non pas tout-à-fait. La richesse des Laboureurs consiste dans les bestiaux. Leur principale attention doit être de se procurer les nouritures nécessaires pour en élever & en nourir beaucoup, sans cela l'agriculture ne peut avoir des succès étendus & intéressans ; ainsi j'estime qu'on ne feroit pas mal de changer quelque chose à cette ancienne pratique.

D. Voudriez-vous me dire en

quoi ces changemens pourroient
confifter, & m'expliquer en même tems la maniere de les faire?

R. Pour rèpondre clairement
à votre queftion, je ne puis me
difpenfer d'entrer dans un dé-
tail un peu long. Je dois commencer par vous dire que le labour
d'une charrue dans nos cantons,
eft ordinairement compofé de cent
cinquante feptiers de terres qui
font environ foixante-quinze arpens, en fuppofant un Laboureur
de deux charrues, il y aura trois
cens feptiers de terres fur lefquel-
les il dépouillera à la moiffon de
1764, cent feptiers en bled &
feigle, cent feptiers en avoine &
autres grains de mars, & les cent
feptiers reftans feront pour jacheres & feront fa folle en bled pour
1765 ; cela pofé, voici les changemens que je voudrois faire pour
une ferme de deux charrues qui
feroit éloignée des rivieres, &
qui

qui manqueroit de foin & de pa-
turage , chacun fera libre après
cela d'augmenter ou diminuer les
changemens proportionnement à
fes détentions & à fes befoins.

Aux couvraines de 1762 , je
femerois feulement quatre-vingt
feptiers de terres en bled fur mes
j'acheres , & je réferverois les
vingt feptiers reftans pour les empouiller dans la faifon convenables en trefle , luzerne & fainfoin.

Sur les cent feptiers de terres
que j'aurois dépouillés en bled en
1763, & qui feroient deftinés pour
des grains de mars pour 1764,
j'en prendrois encore vingt feptiers que je femerois des mêmes
herbages , & cela ne m'empêche-
roit pas d'avoir mes cent feptiers
de terres de jacheres pour enfemencer en bled aux couvraines de
1764.

Au lieu d'enfemencer en bled

ces cent septiers de terres aux couvraines de 1764, j'en formerois seulement, comme l'année précédente, quatre-vingt septiers, & pour les vingt septiers restans je les formerois encore des mêmes herbages ; au moyen de cela, je me trouverois avoir, en deux ans de tems, soixante septiers de terres en prés artificiels qui me serviroient à nourir, tant en verd qu'en sec, beaucoup de bestiaux, & les sols de mes terres se trouveroient toutes réduites à quatre-vingt septiers au lieu de cent.

D. Je conçois cela, mais nos soixante septiers de terres en herbages & prés artificiels, pourroient-ils compenser la perte qu'on feroit sur la réduction des sols à quatre-vingt septiers ?

R. Oui, les terres étant mieux amandées, étant d'ailleurs labourées dans un tems & d'une maniere convenable, elles produiroient les fols réduis, autant & peut-être plus que fi elles étoient pleines , c'eft moins l'étendue des terres qu'on met en grains que l'efpéce de culture qu'on leur donne qui décide de l'abondance des récoltes. Au refte , vous devez compter pour beaucoup le profit qu'il y auroit à faire , tant fur la vente des beftiaux, que fur les fumiers qu'ils donneroient.

D. Ces prés artificiels durent-ils long-tems & faut-il beaucoup de dépenfes pour les entretenir en bon état ?

R. Le trefle dure ordinairement trois ans , le fainfoin cinq & la luzerne environ dix , il faudroit porter tous les deux ou trois ans fur ces différens herbages du fumier bien pourri , & le répandre également partout fans beaucoup d'épaiffeur. On prendroit pour cela le tems des fortes gelées , afin de ne rien endommager , au défaut de fumier on pourroit dans les premiers jours de Février y répandre une légere couche de cendres de la terre de houille ou de suie de cheminée brulée. Quand malgré ces engrais on verra ces herbages sur le point de dépérir , il faudra les faire labourer avant l'hiver , on y donnera un second labour au printems sur lequel on pourra semer des grains de mars , ces grains étant recueillis on donnera encore deux bons labours & ensuite on pourra y sémer du bled qui viendra aussi-bien que dans les meilleures jacheres , pourvu que la terre ne soit pas trop maigre , une attention nécessaire , c'est de remettre sur le champ en herbages autant de terrein qu'on en aura labouré afin d'avoir toujours la même quantité, on mettroit de ces herbages successivement sur toutes les terres , & j'ose dire que c'est

un très-bon moyen pour les améliorer. Il faut au trefle & à la
luzerne une terre qui ait du fond
& qui foit d'une bonne nature,
à l'égard du fainfoin une terre
légere & fablonneufe lui fuffit
le plus fouvent.

D. Vous m'avez ci-devant parlé des fumiers, mais je ne fuis
pas encore fuffifamment inftruit
fur la maniere & le tems néceffaire
pour les perfectionner avant de
les porter dans les terres. Voudriez-vous me dire votre façon
de penfer à cet égard.

R. La plûpart des Laboureurs
portent mal-à-propos des fumiers
de deux ou trois mois fur leurs
terres. Ces fumiers ne font pas
fuffifamment meuris & confom-
més, ils font très-peu de bien &
occafionnent le plus fouvent un
fort grand mal en ce qu'ils contiennent les femences de plufieurs
mauvaifes herbes qui font beau-

coup de tort au bon grain. Je ne
voudrois donc pas porter du fumier dans mes terres qu'il n'aye
aux environs d'un an , & si j'étois
dans le cas de vouloir changer
efficacement la nature d'une mauvaise terre qui m'appartiendroit ,
je prendrois ce fumier d'un an &
je le mélangerois avec de la terre
d'une qualité opposée à celle que
je voudrois bonifier. Je ferois
faire pour cela un tas en longueur.
Je mettrois d'abord un lit de fumier & ensuite un lit de terre ,
je continuerois alternativement
ce mélange jusqu'à la hauteur de
cinq à six pieds sur la largeur de
quatre à cinq pieds. Je laisserois
reposer le tout pendant un an ,
après quoi je ferois porter ce
mélange dans ma terre. Ce moyen
est couteux , mais je n'en connoîs
pas de meilleur pour bonifier les
mauvaises terres , on pouroit fort
bien se servir pour ce mélange

des boues & des immondices des
rues, ainfi que du limon des abreuvoirs d'eau dormante, des mares
& des étangs, pourvû que les
terres fe trouvent être d'une qualité oppofée à celle qu'on voudra
bonifier, & qu'on ait la précaution de laiffer bien fécher ces
terres avant de les employer à ce
mélange.

Une chofe qui importe encore
beaucoup aux Laboureurs, c'eft
de choifir pour l'emplacement
de leurs fumiers un endroit de
leur cour qui ne foit pas expofé
à la grande ardeur du foleil, &
qui ne foit d'ailleurs ni trop élevé ni creufé trop profondément,
dans un endroit trop élevé & qui
a de la pente, les fucs du fumier
s'écoulent & fe perdent, & dans
celui qui eft trop bas & où les
eaux croupiffent avec trop d'a-
bondance, ces mêmes fucs s'alterent & les fumiers ne peuvent

G iiij

s'y pourrir comme il convient.
Il eſt donc d'une extrême con-
ſéquence d'éviter ces inconvéniens, & pour cet effet il convient
de placer les fumiers de maniere
qu'ils ne s'échauffent pas trop ,
& qu'ils puiſſent conſerver dans
tous les tems une moiteur & une
humidité convenable pour les bien
pourrir & conſerver leurs ſucs
ſans aucune perte n'y altération.

Les Laboureurs qui ont des
terres arides & ſablonneuſes doivent mettre à part le fumier de
vaches , & s'en ſervir de préfé-
rence pour amander ces mêmes
terres , à l'égard de ceux qui n'en
ont point , le mieux eſt de mêlan-
ger exactement les différentes eſpéces de fumiers.

D. Que penſez-vous des débordemens d'eaux ? Les jugez-
vous propres à fertiliſer les terres ?

R. Oui & non , les débordemens d'eaux bâtardes qui tombent des terres qui se chargent dans leur chute de partie des engrais de ces mêmes terres & qui prennent une couleur jaunâtre & limonneuse, font excellentes pour fertilifer les terres & les prés ; mais il n'en eft pas de même des débordemens occafionnés par les eaux de cours qui fe confervent claires & qui ne charient qu'un fable ou un gravier infertiles, ces débordemens font fouvent plus nuifibles que profitables, c'eft pourquoi il faut s'en parer le plus que l'on peut en détournant le cours.

D. Voudriez-vous me continuer vos inftructions fur les bois, fur la culture des arbres à haute tige, & en particulier fur celle des pommiers ? je fai que vous avez des connoiffances fur ces différens objets & je ferois bien aife d'en profiter.

R. Il est vrai que je n'ai pas borné mes recherches & mes expériences au seul article des terres labourables, l'amour dont je suis pénétré pour le bien de ma patrie, m'a engagé de travailler aussi beaucoup sur les bois; j'ai sur ce second article deux mémoires que je compte vous donner à la suite de ce petit ouvrage; à l'égard de la culture des pommiers & des autres arbres à haute tige, j'ai prévenu votre demande, en donnant il y a plus de dix ans; au public un petit traité sur cette culture*. Je ne me féliciterai de ce premier ouvrage, que lorsqu'on en aura tiré l'avantage que je me suis proposé de procurer en le publiant, & quand j'aurai vû si mon nouveau système

---

* Ce petit ouvrage se trouve à Paris, chez Musier fils Libraire, Quai des Augustins.

prendra dans le public, & surtout
parmi les hommes rares & respec-
tables qui composent les différentes sociétés d'agriculture du
Royaume

D. Votre système me paroît fort
simple & fort clair, il est pour
toutes les terres & pour tous les
pays; je trouve qu'il n'est guere possible de s'y refuser. Mais vos transf-
ports & vos mêlanges de terres
pourront dégouter bien du monde,
je les crois penibles & couteux
& à mon égard je sens que j'aurai
de la peine à me résoudre de les
employer pour bonifier mes mauvaises terres.

R. Vous en ferez ce qu'il vous
plaira, je vous ai donné les moyens
de connoître & de distinguer la
mauvaise qualité des terres ; je
vous ai donné en même tems
ceux de les travailler & de les
bonifier ; c'est tout ce que vous
pouvez raisonnablement attendre

de moi ; quant au travail & à la peine qui en réfultent , fouvenez-vous que c'eft la défobéiffance de notre bon pere Adam qui en eft la caufe. L'homme eft condamné à gagner fon pain à la fueur de fon vifage , & nous ne pouvons aller , ni vous ni moi , contre les décrets de la Providence.

D. Permettez-moi une derniere queftion. Je pourrai me trouver dans des compagnies & vis-à-vis de certaines perfonnes qui entre-prendront de foutenir l'ancien fyftême & de combattre le vôtre , ces incrédules chercheront à m'embaraffer , ne pouvez-vous pas me donner quelques moyens propres à les détromper & à leur faire connoître leur erreur ?

R. Oui , je pourrois vous en donner plufieurs : mais je crois devoir me borner aux deux fui-vans.

Nous avons des terres qui font

fertiles, nous en avons qui n'ont
de fertilité que depuis quatre
jufqu'à fix & huit pouces de profondeur, & enfin nous en avons
qui confervent leur bonté & fertilité jufqu'à deux pieds, & quelquefois davantage; vos incrédules
ne pourroient difconvenir de la
vérité de ces faits; or quand vous
leur demanderez pourquoi cette
ftérilité dans certaines terres &
cette inégalité fur la profondeur
de bonté dans les autres, je doute
qu'en fuivant l'ancien fyftême,
ils puiffent jamais vous rien dire
la deffus de clair ni de fatisfai-
fant.

Un fecond moyen d'embaraffer
ceux qui prétendront rejetter
mon nouveau fyftême, c'eft de
leur dire que les terres arides &
fablonneufes, ainfi que celles qui
font fortes & argilleufes, font des
terres d'une qualité médiocre, &
qu'étant prifes & empouillées fé-

parément elles ne donnent le plus
souvent que des récoltes de peu
de valeur , ils seront surement
obligés de convenir de la vérité
de ce fait ; or quand vous leur
demanderez pourquoi avec le mêlange de ces deux sortes de terres,
on en peut faire une bonne qui
sera en état de produire des récoltes abondantes, je suis persuadé
qu'ils seront obligés de se réduire
au silence ou qu'ils ne vous répon-
dront rien de juste ni de raisonnable : Vous devez sentir par-là
que l'ancien système nous laisse
dans les ténébres sur plusieurs
faits très-intéressans & que le mien
est le seul véritable , puisque ces
mêmes faits se trouvent suffisamment éclairés par mes réponses
à vos différentes questions , au
surplus ne vous inquiétez pas de
tout ce que ces incrédules pourront vous dire & vous opposer ,
tenez pour certain qu'il saut nour-

rir la terre fi nous voulons qu'elle nous nourriffe ; je vous obferve de nouveau que les influences de l'air & lés amandemens font les feules caufes de fa fertilité , & que pour la rendre bonne & en état de vous produire des récoltes abondantes , vous avez quatre chofes principales à pratiquer & que vous ne devez jamais oublier.

La premiere c'eft de lui donner, autant qu'il vous fera poffible ; le dégré de porofité qui convient, pour admettre & pour conferver dans une jufte proportion , les différentes matieres des influences de l'air & des amandemens.

La feconde c'eft de vous attacher à ouvrir & multiplier fes pores intérieurs par des labours fréquens, c'eft un moyen fûr pour la mettre en état de fe fertilifer & de nourrir abondamment les plantes.

La troisiéme, c'est d'observer que ces fréquens labours ne doivent pas être donnés indifféremment dans toutes sortes de tems. Si vous voulez empêcher autant qu'il est possible, le dur de se mettre dans vos terres & vous épargner le désagrément de leur voir produire une infinité de mottes, vous devez leur donner un premier labour avant l'hiver, & à l'égard des labours du printems & de l'été, vous devez avoir attention de ne les donner, autant que vous pouvez, que par un beau tems & quand vos terres seront suffisamment seches.

La quatriéme & derniere consiste à fumer vos terres avec les fumiers ordinaires, de la maniere & dans les tems que je vous ai marqués ci-devant. Et à l'égard des autres engrais comme la marne, les cendres de la terre de houille, & les autres espéces de cendres, souvenez-vous qu'il ne faudra jamais vous en servir qu'avec beaucoup de prudence & de ménagement. Je vous en ai assez dit pour vous faire sentir combien ils peuvent être dangereux, & les pertes qu'ils peuvent occasionner par la suite. Je finis par vous dire qu'un des grands biens qu'on pourroit procurer aux Laboureurs, ce seroit d'imaginer une machine avec laquelle ils puissent sans beaucoup de dommage ni de dépense, donner de nouveaux labours à leurs bleds pendant leurs accroissemens, je sens bien que pour le faire avec une certaine facilité, il faudroit semer le bled par rangées, & mettre un peu d'intervalle entre chaque rangée ; mais avec tout cela je cherche inutilement cette machine depuis bien du tems, & je vous avoue à ma confusion que je ne suis pas en état de la donner ; si quelqu'un plus habile que moi peut le faire par la suite , il en résultera des avantages infinis & le public lui en aura de trèsgrandes obligations.

F I N.

MEMOIRE

Sur la cause du dépérissement des Forêts du Royaume, & sur les moyens qu'on pouroit mettre en usage pour les entretenir bien plantées, & pour se procurer de beaux arbres.

LES bois ne viennent que de souches ou de graines. On doit partir de là, & sentir qu'ils dépérissent nécessairement.

1°. Quand on néglige de se procurer les graines propres à produire les nouveaux plants qui servent à remplacer les souches qui périssent.

2°. Quand les graines qu'on se procure ne peuvent germer, ou ne trouvent plus dans les terreins où elles se répandent, les fcs nourriciers qui leur conviennent.

H

L'Ordonnance des Eaux & Forêts de 1669; inflige avec raiſon des peines ſeveres contre les délinquans qui arrachent des nouveaux plants dans les bois; mais elle ne décide rien ſur la néceſſité & la maniere de s'y procurer les graines propres à produire ces nouveaux plants, cette omiſſion de la part des perſonnes reſpectables qui ont travaillés à ſa rédaction, a laiſſé beaucoup de monde dans l'erreur, & elle mérite aujourd'hui toute l'attention des perſonnes qui ſont chargées de la régie des bois. On ne doit ſurement pas eſpérer de recueillir quand on ne ſeme point ; ainſi ſans graines il n'eſt pas poſſible d'avoir de nouveaux plants , & ſans nouveaux plants pour remplacer les ſouches qui périſſent , les bois ſe ruinent & deviennent néceſſairement des plaines : cela paroît clair ; auſſi j'eſtime que c'eſt

le défaut de graines propres &
convenables aux différens terreins
qui est la premiere & la principale
cause du dépérissement des forêts
du Royaume.

Les graines qui se répandent
dans les bois, proviennent pour
la meilleure partie, des baliveaux
qu'on y reserve, & elles n'y manquent ordinairement que parce
qu'on n'y marque que peu ou
point de baliveaux de bois blancs
de différentes natures, tels que le
hêtre, le fresne, le charme, le
châtaignier, le tremble, le bouleau, &c. On ne fait pas là-dessus
toute l'attention que l'on doit
parce que l'Ordonnance n'en dit
rien; cependant rien n'est plus
vrai, les baliveaux de l'âge des
taillis sont appellés étalons dans
beaucoup d'endroits, & on ne les
nomme ainsi, que parce que ce
sont eux qui repeuplent les bois
par les graines qu'ils produisent,

il ne faut donc pas croire qu'on marque des baliveaux dans les bois simplement pour avoir des arbres; ils ont une autre destination par rapport aux graines qui n'est pas moins intéressante, & on peut dire avec certitude que le bon état des taillis & la beauté des arbres dépendent toujours du bon choix qu'on en sçait faire.

Tout le monde veut avoir des chênes; on a raison, c'est le premier & le plus nécessaire de tous les bois; mais de ne vouloir que des chênes, & ne marquer que des baliveaux de chênes, c'est une vieille erreur qui a occasionné & qui occasionne encore tous les jours le dépérissement de beaucoup de buissons; il n'est pas possible de contraindre la terre à produire continuellement une seule & même nature de bois, ses sucs s'épuisent après un certain nombre de coupes, & quand

les graines que les chênes produisent, ne trouvent plus dans la
terre où elles se répandent l'aliment qui leur convient, il arrive
que ces graines germent avec difficulté, & que le plant qui en
provient, s'éleve en langueur &
ne vient qu'à regret, l'expérience
nous apprend qu'on ne peut faire
porter tous les ans le même grain
à la même terre, & que quand
on fait une nouvelle plantation à
la place d'arbres anciens qu'on
vient de couper, on doit changer
l'espéce, sans quoi, si on replante
des arbres de la même nature, ils
ne réussissent pas à beaucoup près
aussi bien que la premiere fois;
on pêche donc en ne marquant
uniquement que des baliveaux de
chênes dans les bois, & quand,
malgré cette mauvaise pratique,
on voit de certains buissons qui
se soutiennent en bon état, &
qui continuent de se trouver plan-

H iij

tés de bonnes natures de bois différentes du chêne ; On peut s'aſſu-
rer que cela ne provient que des
graines des bois voiſins qui y ſont
portées par le vent & par les oi-
ſeaux. Sans cette reſſource qui
nous vient de la Providence ,
j'oſe dire que beaucoup de forêts
du Royaume ſeroient encore dans
un état beaucoup plus depériſ-
ſant qu'elles ne le ſont aujour-
d'hui.

Il y a pluſieurs attentions à faire
dans le choix des baliveaux de
l'âge des taillis par rapport aux
graines qu'ils produiſent.

La premiere c'eſt d'examiner
avec ſoin la poſition & la qualité
des différens terreins, & de s'attacher enſuite à ne demander à ces
différens terreins, que des natures
de bois qui ſoient relatives à leurs
propriétés.

La ſeconde de s'attacher à multiplier les bonnes eſpéces autant

que la nature de la terre peut le permettre, parce que les taillis se dégradent beaucoup moins & sont toujours vendus plus cher lorsqu'ils sont plantés de plusieurs bonnes natures de bois, que quand ils ne le sont que d'une seule.

La troisiéme & derniere consiste à se bien persuader qu'on ne parviendra jamais à forcer la terre dans ses productions; le seul moyen de le faire seroit de réparer ses pertes par des engrais ; mais la chose est impossible par rapport aux bois , & le tems seul peut faire ce bon effet ; ainsi quand une nature de bois cesse de bien faire dans un taillis, il faut se contenter de marquer de loin en loin quelques baliveaux de son espéce pour ne la point perdre tout à fait, & pour le surplus il convient de se donner aux autres natures de bois qui profitent davantage jusqu'à ce que l'espéce qui veut

manquer ait repris le deſſus. La
terre s'accommode très-fort de ces
changemens, un officier intelli-
gent ſait s'y prêter dans les martelages. Il en connoît la néceſſité,
& ſi on ſuivoit exactement cette
pratique, il eſt certain que les
bois ſe conſerveroient en bon état
& qu'ils ne ſe dégraderoient
pas.

L'ordonnance des eaux & forêts
fixe le nombre des baliveaux à dix
par arpens pour les futayes, à ſeize
pour les taillis, & elle décide qu'on
ne pourra en couper aucuns qu'ils
ne ſoient au-deſſus de quarante
ans, ces trois articles ne me pa-
roiſſent pas avoir été ſuffiſamment
reflechis, on en jugera par ce qui
va ſuivre.

Quand on coupe les futayes, la
meilleure partie des ſouches périſſent, & elles ne ſe replantent
ordinairement que par le moyen
des graines qui s'y répandent. Il

n'en eſt pas ainſi des taillis qui
ſe reproduiſent preſque toujours
d'eux-mêmes, par le moyen des
ſouches. Il eſt aiſé de ſentir par
là, que les graines ſont beaucoup
plus néceſſaires pour les futayes
que pour les taillis. On y marque
cependant moins de baliveaux &
cela me paroît contraire à une
bonne & ſage économie.

Le nombre de dix baliveaux eſt
d'autant moins ſuffiſant pour les
futayes, que ſouvent ce nombre
ſe trouve diminué de beaucoup
par les accidens qui leur arrivent
pendant l'uſance des ventes ; d'ailleurs lors des martelages on n'a
que trop ſouvent la mauvaiſe coutume de les choiſir foibles, élevés
& ſans branches, trop foibles &
trop élevés ils caſſent au moindre
coup de vent. A l'égard de ceux
qu'on choiſit avec peu de branches, ils ſechent & périſſent pour
la plûpart, attendu que ſans bran-

ches ils ne peuvent produire les
feuilles qui servent à leur procurer l'aliment qui leur est nécessaire. Beaucoup de forestiers se font
un mérite de les choisir avec peu
de branches, sous le prétexte que
le vent n'a pas tant de prise sur
eux & qu'il en casse moins ; mais
ils pechent en cela, car en voulant éviter cet inconvénient, ils
tombent dans un autre plus grand
& plus dommageable, les feuilles
des arbres admettent dans leurs
pores les particules aërienes qui
sont propres à la végétation, &
il est certain qu'elles contribuent
à les nourrir & à les faire vivre
autant que la seve qui monte
des racines. Il ne faut donc pas
s'étonner, quand un arbre sans
branches & conséquemment sans
feuilles, seche & dépérit sur
pied. Le moyen de remédier à
cela, ce seroit de marquer une
plus grande quantité de baliveaux

dans les futayes, & de s'attacher
à les choisir forts du pied, bien
fournis de branches, & d'une hauteur médiocre, afin qu'ils puissent
mieux résister aux coups de vent.

A l'égard des taillis, le nombre
de seize baliveaux ne me paroît
pas non plus suffisant pour chaque
arpent ; quelques précautions
qu'on prenne pour les bien choisir, il s'en trouve toujours une
certaine quantité qui ne réussissent pas. Outre cela il en périt
pendant l'usance des ventes, soit
par la chute des arbres anciens,
soit par la faute des voituriers ou
autres accidens imprévus. Il arrive de-là qu'au second âge & souvent avant qu'ils ayent quarante
ans, on en trouve un tiers ou un
quart de défectueux, on est cependant obligé de les conserver,
parce que l'Ordonnance le veut,
& il en résulte deux fort mauvais
effets : le premier c'est qu'on laisse

occuper la terre inutilement à des baliveaux qui font hors d'état de faire de beaux arbres ni de produire aucunes graines : & le fecond c'eft qu'en les laiffant vieillir les fouches périffent quand on les coupe, au lieu que fi on les réformoit au fecond âge, la plûpart de ces mêmes fouches ne périroient pas. Elles produiroient au contraire de belles & bonnes efpéces de bois qui garniroient les taillis, pourvu qu'on les coupe dans le courant de l'hyver fans attendre le tems de la feve pour les écorcer. On obvieroit à tout cela, fi au lieu de feize baliveaux on en marquoit vingt-quatre pour chaque arpens, & fi au fecond âge on avoit la liberté de réformer les huit les plus défectueux, & de fe reftraindre à feize qui eft la quantité prefcrite par l'Ordonnance.

L'âge le plus convenable pour

couper les taillis, c'eſt vingt ans.
Si on les coupe plus jeunes on n'a
que des arbres bas de tige & qui
n'ont ſouvent que la figure des
pommiers. Si on les coupe plus
âgés, les cepées ne reproduiſent
pas ſi bien & il en périt quelque
fois, ſurtout parmi celles qui produiſent des bois tendres.

Le choix des baliveaux demande un homme attentif & expéri-
menté, ce n'eſt pas la groſſeur du
baliveau qui fait toujours ſon
mérite & qui doit décider, ſouvent un petit vaut mieux qu'un
gros, pourvu qu'il ait le pied bon,
ſa tête belle, & qu'on le juge en
état de former une belle tige. La
connoiſſance du pied eſt impor-
tante particulierement pour les
chenes. Je ne fais pas beaucoup
de cas des baliveaux qui ſont
marqués ſur ſouches ; comme on
eſt cependant obligé d'en prendre
quand les nouveaux plants man-

quent, il faut fçavoir connoître les fouches & être en état de faire la différence des anciennes & des modernes. Les anciennes fouches dont les racines font en quelque façon épuifées ne valent abfolument rien, les arbres qui croiffent deffus ont toujours quelques vices dans le pied , & ils ne paffent guere deux ou trois âges fans dépérir. Les nouvelles fouches qui n'ont effuyé que deux ou trois coupes valent beaucoup mieux. On voit fouvent les arbres y réuffir fort bien , ainfi ces dernieres doivent être préférées quand on fait les connoître & les diftinguer des premieres.

En procédant au choix des baliveaux de l'âge des taillis, il ne faut pas donner dans l'erreur de ceux qui ne marquent que des chênes. Le mieux eft d'en marquer feulement environ les deux tiers de la quantité qu'on doit ré-

ſerver pour chaque arpent , &
pour le tiers reſtant on feroit par
faitement bien de marquer d'autres natures de bois convenables
aux terreins, comme le freſne ,
le charme , le hêtre , le châtaignier, le tremble , le bouleau &c.
on pourroit auſſi marquer des or-
mes , mais j'ai toujours obſervé
que cet arbre aimoit le grand air ,
& qu'il étoit rare de le voir réuſ-
ſir dans l'intérieur des bois. Quand
on s'eſt déterminé ſur le choix
de ceux de ces derniers baliveaux
qui conviennent le mieux au terrein où on travaille & qui y profitent davantage , on doit avoir
l'attention d'en marquer , autant
que faire ſe peut , dans chaque
partie des ventes , afin qu'il ſe
trouve partout des graines propres
à entretenir les taillis bien & ſuffiſamment plantés.

C'eſt beaucoup de ſçavoir ſe
procurer des graines par le moyen

des baliveaux de différentes natures qu'on doit réferver dans chaque partie des ventes ; mais cela
ne fuffit pas toujours pour parvenir à bien replanter toutes fortes de bois. Nous en avons qui fe
replantent d'eux-mêmes facilement & promptement ; nous en
avons d'autres qui fe replantent
auffi d'eux-mêmes , mais moins
bien & plus tard ; enfin nous en
avons qui ne peuvent fe replanter , & où les graines deviennent
en quelque façon inutiles , je vais
expliquer la caufe & les raifons
de ces différences.

Les bois qui fe replantent d'eux-
mêmes facilement & promptement , font ceux qui fe faliffent
immédiatement après la vuidange
des ventes , c'eft-à-dire ceux qui
produifent avec des blancs bois
de plufieurs efpéces du genet ,
du houx , des ronces , des pui-
nes , des framboifiers , des épines ,
&c.

&c. les graines qui se répandent au travers de ces differens morts bois, y trouvent une terre meuble & une humidité convenable pour les faire germer, & les jeunes plants qui proviennent de ces graines ne manquent guere de réussir, parce que, parmi les différens morts bois qui les accompagnent, ils trouvent l'ombre & la fraicheur nécessaire à leur conservation.

Les bois qui ne se salissent pas & où la terre reste nue sans avoir aucun gason, mousse, bruyere, ni thim sauvage sur la superficie, se replantent aussi souvent d'eux-mêmes, mais moins bien & plus tard que les précédens. Les graines qui s'y répandent après la vuidange des ventes y trouvent souvent la terre si seche & si dure qu'elles n'y peuvent germer. Elles ne le font ordinairement que quand les taillis ont atteint l'âge de

quatre, six & huit ans, les taillis
de ces différens âges font alors
l'effet des morts bois, l'ombre
qu'ils répandent amolit la terre,
la rend meuble & propre à faire
germer les graines, & les jeunes
plants y réuffiffent le plus fouvent
parce qu'ils y trouvent, comme
parmi les bois qui fe faliffent, la
fraicheur & l'humidité qui convient pour les faire croître & les
conferver. L'inconvénient que j'y
trouve, c'eft que ces jeunes plants
qui viennent tard & plufieurs
années après la coupe de ces bois,
ne peuvent acquérir la force &
la hauteur des anciennes cepées,
par-là, ils font expofé à être
broutés par les bêtes à cornes &
ils font une très-petite reffource
pour le marchand lorfque ces
bois font coupés de nouveau. Le
feul avantage qui en réfulte &
qui ne laiffe pas d'être confidérable, c'eft que lorfque ces jeunes

plants font coupés avec les bois des anciennes cépées, ceux qui ont réfiftés au dommage caufé par les vaches, reproduifent fouvent du pied & font ordinairement de très-beaux arbres.

Les bois qui ne peuvent fe replanter d'eux-mêmes avec le fecours des graines font ceux où la fuperficie du terrein fe trouve couverte de gafon, mouffe, bruyere ou thim fauvage. Ces bois ne peuvent fe falir , & les graines fe répandent toujours inutilement dans les clairieres où ces mauvaifes plantes dominent, ces graines ne peuvent y germer ni y croître , celle de bouleau y prend pourtant quelquefois , mais c'eft de loin en loin & cela fait une très-foible reffource. Les terreins qui fe couvrent de mouffe, bruyere & thim fauvage, fe reffentent ordinairement de fechereffe & d'aridité. Ils font d'une bien moindre qualité que ceux qui se couvrent de gason. Voici au reste ce qu'on peut faire de mieux pour parvenir à replanter les uns & les autres avec le secours des graines.

Pour faciliter aux graines les moyens de germer & de croître dans les différens terreins & clairieres où la terre se trouve couverte de gazon, bruyere, mousse & thim sauvage, il faut, quand ces mauvaises plantes sont touffues & fort abondantes, commencer par les faire couper, on les fait sécher pour les brûler, & ensuite on répand les cendres qui en proviennent sur le terrein de ces clairieres. Ce travail doit être fait dans le courant de l'été avant qu'elles soient montés en graines, & dans les mois de Septembre & Octobre suivant, on doit faire fouiller & retourner grossierement avec la houe ou le hoyau ce même terrein à quatre ou cinq pouces de profondeur. Lorsque les graines font mures, il faut faire ramaffer celles des différens morts bois qui fervent à les falir, & dont j'ai parlé ci-devant. On peut s'attacher plus particulierement à celle du genet, elle eft commune : mais comme les coffes qui la renferment font fujettes à s'ouvrir au moindre rayon de foleil, il faut faifir le moment de fa maturité pour s'en pourvoir. Quand on a fait ramaffer une quantité fuffifante de graines de différens morts-bois auxquelles on pourra joindre celle de borfaude, il faut les femer & les répandre également fur les cantons de terres que l'on a fait travailler. S'il fe trouve dans ces mêmes cantons des arbres à portée d'y répandre des graines propres & convenables à la qualité du terrein, on pourra s'en tenir là, auffitôt que les morts-bois auront acquis une certaine force & hauteur, ces graines y feront le bon effet qu'on doit en attendre. Dans le cas où il n'y auroit pas d'arbres à proximité pour y répandre leurs graines, il faudra en faire apporter d'ailleurs, & les répandre parmi les morts-bois avec plus de largeffe que d'épargne.

Une autre maniere de replanter les clairieres fans le fecours des graines dans les bois où la fuperficie de la terre fe trouve couverte d'herbe ou de gazon, c'eft d'y mettre du plant enraciné d'une nature convenable à la qualité du terrein ; on doit pour cela faire des rigolles de huit à dix pouces de profondeur fur environ deux piéds de largeur. Ces rigolles doivent être faites dans chaque clairiere auffitôt que la vidange des ventes eft finie, on les fait deux ou trois mois avant la plantation, & lorfque le tems de cette plantation eft arrivé, on plante les plans enracinés fur la portion de terre qu'on a exhauffée & qui viennent des rigolles. On employe ordinairement ce moyen dans nos cantons pour replanter les clairieres où la fupperficie de la terre fe trouve couverte d'herbe ou de gazon, & dont la terre n'eft ni trop féche ni trop aride, je l'ai prefque toujours vû réuffir. Le fuccès en eft plus prompt que celui des graines, mais je le croi un peu plus couteux, furtout pour ceux qui font obligés d'acheter les plants enracinés.

A l'égard des clairieres qui font couvertes de bruyeres, mouffes ou thim fauvage, comme la terre s'y reffent ordinairement de féchereffe & d'aridité, il eft plus difficile d'y faire reprendre les plants enracinés. Ceux qui voudront cependant en planter dans de pareils terreins, n'auront qu'à faire ouvrir des rigolles de deux

à trois pouces de profondeur, ils
planteront dans l'intérieur de ces
rigolles, & pour affurer, autant
qu'il eft poffible, la réuffite de la
plantation, ils feront emplir ces
mêmes rigolles de feuilles feches
auffitôt que cette plantation fera
finie.

On voit beaucoup de bois qui,
fans avoir de clairieres, font dans
un état dépériffant, parce qu'ils
manquent de graines pour fe replanter ; les fouches, dans ces bois,
font fouvent fi anciennes que la
plupart pêchent par les racines.
Les bois que ces vieilles fouches
produifent, ne viennent paffable-
ment bien que les trois ou quatre
premieres années, après quoi on
les voit languir & ne s'élever qu'à
regret ; indépendamment de cela
les balliveaux qu'on y réferve ne
font jamais que de vilains arbres
& ne peuvent gagner trois ou
quatre âges fans dépérir. Je connois

nois beaucoup de buiſſons qui ſont dans ce mauvais état , on en trouve d'autres qui ne ſont plantés que de coudriers & d'autres bois de fort mauvaiſe nature. J'eſtime qu'on pourroit parvenir à replanter tous ces mauvais bois en pratiquant ce qui ſuit.

A meſure qu'on couperoit ces mauvais bois , je laiſſerois prendre trois ſeves aux taillis , dans les mois de Septembre & Octobre qui ſuiveroient cette troiſiéme ſeve ; je ferois retourner groſſierement avec la houë ou le hoyau le terrein d'entre les anciennes upées de diſtance en diſtance à trois à quatre pouces de profondeur ; je ferois enſuite ramaſſer des graines de bois de bonnes natures qui pourroient convenir aux terreins , & je ferois répandre ces graines , ſans les couvrir , ſur toutes les terres des anciennes upées que j'aurois fait travailler ; je pren-

K

drois , autant que je pourrois , des graines d'une nature différente de celle des anciennes upées. Les taillis de ces anciennes upées âgés de trois ans, feroient l'effet des morts-bois ; ils donneroient à ces graines l'ombre & la fraicheur convenable pour les faire germer, & pour conferver les jeunes plantes qui en proviendroient. Ce moyen eft fimple & facile & je ne le crois pas fort couteux.

Outre les caufes de dépériffement que je viens de rapporter, j'en trouve encore quatre autres, & ce font:

1°. La mauvaife maniere de couper les taillis.

2°. L'enlevement qui fe fait avant & pendant l'hyver des jeunes plants qui proviennent des graines.

3°. L'entrée des bêtes à cornes dans les taillis qui ne font pas deffenfables.

4°. La modicité des gages des Gardes-Bois.

L'Ordonnance des Eaux & Forêts a sagement pourvu aux trois premiers articles, je ne peus cependant me refuser de faire quelques observations sur chacun d'eux.

Les bois les plus mal coupés font ordinairement ceux qui se vendent à la perche à différens particuliers. Un homme, qui achete quinze ou vingt perches de bois pour son usage, envoye souvent un enfant ou un domestique pour les couper. La plupart de ces mauvais ouvriers coupent en toupies & font des cavités dans les souches qui leur font très-préjudiciables ; d'autres, pour leur plus grand profit, coupent si profondément en terre qu'ils enlevent totalement les souches & désunissent les racines ; & d'autres enfin, plus brouillons ou moins intéressés, coupent à trois ou quatre pouces de terre , & éclatent la meilleure partie des souches.

Il est certain que ces trois différentes manieres de couper les taillis occasionnent toujours la perte de beaucoup de souches , & qu'en cela elles sont très-dommageables , je conviendrai cependant qu'en enlevant les souches il arrive quelquefois aux principales racines qui en ont été défunies & qui ne se trouvent pas endommagées, de produire beaucoup de nouveaux jets ; mais ces nouveaux jets, qui ne sont pas suffisamment nouris, restent foibles & font souvent une très-petite ressource. Il est donc de la derniere conséquence de ménager les souches, parce que tandis qu'elles subsistent elles font le point de réunion pour toutes leurs racines , elles se trouvent abondamment nouries , & en conséquence elles produisent des jets qui deviennent forts & vigoureux. Voici la meilleure maniere de couper les bois taillis.

Tout Ouvrier qui entreprend de couper des bois taillis , doit se munir d'une hache qui coupe bien, il doit sçavoir travailler des deux mains également , éviter de couper en toupies , & ne jamais faire que deux entailles , l'une à sa droite & l'autre à sa gauche. Les entailles doivent être faites uniment , un peu en talus & se rencontrer juste. Il doit avoir aussi attention de couper sans éclat & de façon que la souche reste à niveau ou au plus à un pouce de distance de la superficie du terrein.

Sur le second article concernant les jeunes plants qui proviennent des graines , je ne peus dire autre chose , sinon qu'on doit s'assurer de la vigilance & sur tout de la fidelité des Gardes, parce qu'il s'en trouve quelquefois, qui, moyennant une légere retribution, en tolerent l'enlevement, cela fait d'autant plus de tort aux bois, que les Ouvriers qui en font commerce & qui les vendent en contrebande, ont la mauvaise coutume de ne rien laisser dans les cantons où ils arrachent. Je conseille aux personnes qui voudront faire de nouvelles plantations pour eux-mêmes, & qui, pour cela, prendront les plants enracinés dont ils auront besoin dans leurs bois, de ne laisser jamais arracher ces nouveaux plants qu'en présence d'un Garde fidel & entendu, qui veillera à ce que les Ouvriers laissent, dans les cantons où ils arracheront, les plants les mieux venans & les plus vigoureux en quantité suffisante pour entretenir ces cantons en bon état & suffisamment plantés : avec cette précaution néceſſaire, on peut prendre du plant dans les bois ſans craindre de les dégrader.

Sur le troiſiéme article concernant l'entrée des bêtes à cornes dans les taillis qui ne ſont pas deffenſables, je ne peus me refuſer de dire que j'ai vu beaucoup de bois en ma vie, & que parmi ceux que j'ai trouvé dégradés & en mauvais état, il y en avoit au moins la moitié où le dommage né provenoit que des bêtes à cornes. La ſource du mal, dans beaucoup d'endroits, m'a paru provenir de l'infidélité des Gardes, & en ſecond lieu de ce qu'on donnoit les bois à ferme. Le bois eſt un bien trop précieux pour devoir être expoſé à la cupidité d'un Fermier qui, n'enviſageant jamais l'avenir, ne ſe fait pas le moindre ſcrupule de couper les arbres, & d'introduire ſes beſtiaux dans les taillis, dans tous les tems

& à toutes sortes d'âge.

Il ne faut pas croire que tous les taillis, non plus que les jeunes plants qui y croissent, sont défensables à l'âge de sept ans. Il y a des crues de bois qui souvent ne se font pas à neuf & dix ans : ainsi il est de la prudence des Seigneurs & de toutes les personnes qui possédent des bois, de faire examiner l'état de leurs taillis par gens habiles & intelligens, avant d'en permettre l'entrée aux bêtes à cornes. Les mois de Mai & de Juin sont les tems les plus critiques & pendant lesquels elles font le plus de tort à cause de la tendresse du brout. Une attention que les Gardes doivent avoir nécessairement, c'est de voir si dans le nombre des bêtes à cornes qu'on introduit dans les taillis, il ne s'en trouve pas quelqu'unes qui soient dans l'habitude de baisser le bois, en le prenant entre leurs cornes pour le brouter, ou d'autres qui ayent l'inclination d'enlever, dans les tems de défence, l'écorce avec les dents pour la manger. Toutes les bêtes à cornes qui ont l'une de ces deux fciences pour vivre, font beaucoup de tort dans les bois, & on ne doit jamais les y fouffrir.

Toutes les efpéces de jeunes taillis qui ont été broutés deux ou trois fois par les bêtes à cornes en différens tems, fe rabougriffent & ne peuvent plus s'élever. Il y en a qui périffent, & quand le mal eft trop apparent, on voit des particuliers, & même fouvent des Gardes qui, pour cacher le dommage, ont la fineffe de faire receper & couper à la ferpe nonfeulement celles qui font mortes, mais encore celles qui fe confervent dans leur mauvais état, ils font faire ce travail à la hate & fans précaution, fouvent même

dans les tems de feve , & il en réfulte une infinité de clairieres.

Ce dommage n'eſt pas le feul
que font les bêtes à cornes, quand
on les introduit dans les taillis
qui ne font pas défenfables. En
voici un d'une autre eſpéce qu'on
aura peut être de la peine à croire,
& qui cependant eſt exactement
vrai. Je connois d'excellens buif-
fons fitués dans de belles & bonnes plaines qui produifoient au-
trefois des bois de la meilleure
qualité, & qui aujourdhui ne fe
trouvent plantés , pour la meilleure partie, que de bois d'aul-
nes ; en examinant avec attention
la caufe de ce changement, j'ai
trouvé que c'étoit l'ouvrage des
bêtes à cornes. On les a introduit
dans ces bois longtems avant qu'ils
ayent été défenfables , elles ont
mangés & fait périr la meilleure
partie des bois de bonnes natures,
& elles ont laiffé l'aulne. Ce mau-

vais bois, qui n'eſt pas de leur goût
& auquel elles ne touchent jamais, s'y eſt tellement multiplié &
a ſi bien pris la place des anciens,
que les taillis, en l'état qu'ils ſont
aujourd'hui, ne valent pas la moitié de ce qu'ils valoient il y a quarante ans ; un autre inconvénient
c'eſt qu'on n'y trouve preſque plus
de bois propre à faire des balliveaux.

A l'égard du quatriéme & der-
nier article qui concerne la modicité des gages des Gardes-Bois,
j'obſerve que c'eſt un abus qui in-
flue toujours plus qu'on penſe ſur
le déperiſſement des forêts. Un
Garde n'eſt pas ordinairement un
homme à ſon aiſe. Celui qui ne
peut pas vivre de ſa commiſſion
eſt contraint de s'écarter de ſon
devoir, & de ſe rédimer, pour
vivre, ſur les bois confiés à ſa
garde, je ne m'arrêterai pas aux
conventions qui ne ſe font que

trop souvent avec les marchands adjudicataires des ventes, il y a beaucoup de tolerances & de permissions qui ne s'accordent jamais qu'en payant, je vais me borner à un seul abus qui est souvent de la connoissance des propriétaires, & auquel ils ne remedient pas, faute d'en sçavoir les conséquences.

Un Garde qui n'est pas suffisamment payé, a ordinairement cinq ou six vaches qu'il fait garder séparément du troupeau commun; ces vaches, qui le font vivre, ont le privilége d'aller dans les jeunes taillis aussi bien l'été que l'hyver, parce qu'elles y trouvent en tout tems un pâturage beaucoup meilleur & plus abondant que dans les bois défensables. Le Garde est contraint de fermer les yeux sur le dommage qu'elles y causent, & il arrive que ces cinq ou six vaches font souvent la ruine & la perte des bois qu'il eſt chargé de conſerver.

On me dira peut être que quand on donneroit de bons gages à un Garde, cela ne le rendroit pas plus honnête homme, & qu'il s'écarteroit également de ſon devoir ; mais je répondrai à cela que la choſe n'eſt gueres poſſible. Un Garde à qui on donne de quoi vivre ſelon ſon état, y penſe à deux fois avant de faire une ſottiſe capable de lui faire perdre ſon emploi, quand la condition eſt bonne elle eſt enviée. Le maître eſt bientôt informé de ſes malverſations par ceux qui voudroient occuper ſa place. Je penſe donc que le meilleur moyen de rendre un Garde exaɛt & fidel, c'eſt de lui donner des gages dont il puiſſe vivre, de l'empêcher de faire aucune garde ſéparée avec des vaches, & ſi on ſouffre qu'il en ait une ou deux pour ſon uſage, de l'obliger de les donner à garder au proyer commun.

J'ai souvent remarqué que dans les taillis de cinq à six ans, les jeunes plants, provenans de graines, avoient de la peine à percer au travers des morts-bois, quand ces morts-bois se trouvoient trop touffus & trop abondans, je connois des personnes qui dans ce cas permettent l'entrée de leurs taillis aux bêtes à cornes, mais seulement pendant l'hyver, il est vrai que, dans cette saison, les arbres étant dépouillés de feuilles, ces bêtes ne broutent pas, pourvu qu'on ne les tienne pas trop reserrées ni trop long-tems dans une même place. Il est également vrai qu'elles mangent les feuilles des ronces, qu'en allant & venant elles peuvent éclaicir les parties qui sont trop garnies de morts-bois, & par-là donner lieu aux jeunes plants de s'élever; mais un remede plus sûr & dont j'ai l'expérience, c'eſt de permettre aux pauvres gens d'aller couper la meilleure partie de ces morts-bois pour leur uſage. On pourroit leur permettre de couper en même tems les branches des anciennes cepées qui ſe trouveroient trainantes & hors d'état de s'élever. La ſeule attention néceſſaire ce ſeroit d'obliger le Garde du triage d'être préſent à ce travail. Ce Garde donneroit ſes ſoins à ce que les nouveaux plants ſoient conſervés, & à ce que le recepage des branches trainantes & inutiles ſoit fait comme il faut & ſans aucuns dégats. Il faudroit donner à ces pauvres gens les mois de Novembre ou de Mars qui ſont les tems les plus propres pour ces opérations, les obliger à lier les fagots ſur la place même, & à porter enſuite ces fagots à l'épaule dans le chemin le plus prochain & le plus commode pour approcher les voitures & ne rien endommager.

Cette pratique, bien obſervée, ſauveroit beaucoup de jeunes plants qui garniroient les taillis, les plus baux ſeroient réſervés lors des martellages, & ils feroient des arbres qui viendroient infiniment mieux que ceux qu'on eſt ſouvent obligé de prendre ſur les ſouches. Ces deux avantages ne ſont pas les ſeuls qui réſulteroient de ce travail. Les anciennes cepées débaraſſées des morts-bois qui ne ſeroient plus alors néceſſaires aux jeunes plants, & de quantité de branches trainantes & inutiles qui prennent mal-à-propos leur ſubſtance, s'éleveroient & groſſiroient bien davantage, & par cette raiſon, ces mêmes taillis feroient vendus beaucoup plus cher qu'ils ne le ſont ordinairement.

MEMOIRE

MEMOIRE

Sur les défauts qui regnent dans la maniere de régir les bois des Gens de main-morte, & sur les moyens de parvenir à une administration qui leur seroit plus avantageuse, & en même tems plus utile à l'Etat.

ON laisse les Gens de main-morte maîtres du choix des baliveaux de l'âge des taillis dans les bois qu'ils font exploiter annuellement; ils regardent ces baliveaux comme onéreux & préjudiciables à leurs intérêts, parce qu'ils n'ont pas la liberté de faire abbattre les arbres qui en proviennent, & par cette raison, la plûpart d'entr'eux font un mauvais choix, & ne réservent le plus souvent que des chênes défectueux

& le plus de trembles & de blans bois qu'ils peuvent.

Les récolemens de leurs ventes ne se font pas avec exactitude : peu curieux de conserver de beaux chênes, ils les font faire le plus souvent par un simple Garde, qui ne donne pas toute l'attention qu'il doit sur l'article des arbres & des baliveaux.

Il est aisé de sentir qu'une pareille administration est contraire à l'Ordonnance & qu'elle ne remplit pas les vues du Conseil, d'autant que peu de chênes mal choisis & conséquemment de peu de valeur, ne peuvent jamais faire une ressource suffisante pour les besoins de l'Etat, & en particulier pour la Marine qui en a si grand besoin.

Cette mauvaise administration de la part des Gens de main-morte, ne les empêche pas de souffrir souvent de leur côté des dommages considérables ; *des dommages* font toujours caufés par la trop grande quantité de mauvais arbres qui fe trouvent répandus dans leurs taillis, après une révolution de quatre à cinq coupes fans rien abbatre, ils ont le défagrément de voir jufqu'à cent arbres & plus dans chaque arpent de leurs bois, & il arrive de-là, que leurs taillis qui, fans cette trop grande quantité d'arbres, pouvoient valoir quinze à vingt piftoles l'arpent, font à peine vendus quarante ou cinquante livres.

Les bois qui fe trouvent ainfi furchargés d'arbres, deviennent par la fuite des efpéces des futayes, & il en réfulte encore un inconvénient très-dommageable aux Gens de main-morte, c'eft que quand ils obtiennent du Confeil la permiffion de couper une partie de ces arbres la plûpart des fouches périffent, ce qui occafionne une infinité de clairieres

qui font la ruine de leurs bois,
& qu'ils ne peuvent faire replanter fans une dépenfe confidérable.

Il eft donc vrai de dire que fi
on fe détermine à faire quelques
changemens dans la maniere de
régir les bois des Gens de main-
morte, jamais on ne parviendra à
y avoir ni beaux arbres ni beaux
taillis. Tout le monde fçait qu'un
mauvais baliveau ne peut jamais
faire un bel arbre, & qu'une trop
grande quantité d'arbres occafionne toujours la perte & la ruine des
taillis. Ces deux faits font incon-
teftables. Ainfi pour concilier les
befoins de l'Etat avec les intérêts
des Gens de main-morte fur ces
deux objets importans, voici ce
qu'on pourroit faire.

Il conviendroit d'obliger les
Gens de main-morte à conferver
dans chaque arpens de leur bois.

1º. Vingt-quatre baliveaux de

l'âge des taillis, dont les deux tiers se prendroit, autant qu'il seroit possible, de nature de chênes, & le surplus de bois blanc de différentes natures convenables aux terreins comme fresne, hetre, chataignier, erable, tremble, bouleau, &c.

2°. Quatre arbres de bois blanc de deux âges, qui soient d'une nature propre à produire des graines convenables aux terreins où ils se trouveroient plantés.

3°. Vingt arbres de chênes, dont environ dix depuis trois âges jusqu'à six, & plus quand la nature du terrein le permettroit, & le surplus seulement de deux âges.

Cette quantité d'arbres & de baliveaux, bien choisis, vaudroit beaucoup mieux & seroit plus profitable à l'Etat qu'un plus grand nombre de mauvais ; elle seroit d'ailleurs plus que suffisante pour

chaque arpent de bois, & ce feroit furement vouloir altérer le
fond & perdre les taillis, que de
prétendre en conferver davantage.

Les gens de main-morte pour
la plûpart aiment à jouir. Ils s'in-
quiétent fort peu du bien de leurs
fuccefleurs, ainfi pour établir une
police exacte dans leurs bois &
s'y procurer des arbres qui puiffent
être utiles à l'état, il ne conviendroit pas de s'en rapporter à eux
pour le martelage des baliveaux
de l'âge des taillis. Le moyen qui
paroît le plus fimple pour obvier
à différens abus, ce feroit de
charger les officiers de maîtrifes
de ce martelage chacuns dans
leurs départemens ; mais pour
épargner la dépenfe & ne point
fatiguer les Gens de main-morte,
on pourroit ordonner aux Officiers de Maîtrifes de fe partager,
c'eft-à-dire, que le Maître Parti-

culier, le Garde-Marteau & le Procureur du Roi, prendroient chacuns un canton où ils opéreroient seuls avec un Garde de la Maîtrise & celui du Triage. Ils ne se borneroient pas au seul martelage des baliveaux de l'âge des taillis. Ils procéderoient en même tems au compte des arbres anciens & modernes qui existoient dans chaque vente, & ils en dresseroient eux-mêmes des Procès-verbaux qu'ils déposeroient chaque année au Greffe de leur Maîtrise ; à la faveur de ces Procès-verbaux ainsi déposés, le Conseil pourroit sçavoir, lorsqu'il le jugeroit à propos, le nombre & la qualité des arbres qui existoient dans les bois des Gens de main-morte de chaque Maîtrise du Royaume, & il pourroit faire usage de cette connoissance dans les besoins de l'Etat.

Indépendamment du martelage

des baliveaux de l'âge des taillis,
& du compte des arbres anciens
& modernes qui exiſteroient dans
chaque vente, l'Officier de la Maî-
triſe feroit le récollement des ventes de l'année précédente. Il auroit ſoin de voir ſi les Gens de
main - morte ſuivent exactement
l'arrangement des coupes de leurs
bois, s'ils ſe bornent à la quantité
juſte qu'ils doivent couper chaque année, & ſi leurs Gardes, par
le défaut de gages ſuffiſans, ne
ſont pas eux - mêmes les auteurs
des délits qui ſe commettent dans
leurs bois. Il y a deux articles principaux ſur leſquels il faut particulierement examiner la conduite
des Gardes. C'eſt de voir s'ils ne
tolerent pas pendant l'hyver l'enlevement des jeunes plants qui proviennent des graines, & pendant
le printems & l'été l'entrée des
bêtes à cornes dans les taillis qui
ne ſont pas défenſables.

Ces

Ces différentes opérations répétées chaque année seroient suffisantes pour le premier martelage qu'on feroit dans toutes les ventes des Gens de main-morte ; mais lorsqu'il s'agiroit d'un second & d'un troisiéme martelage dans les mêmes ventes où l'Officier de Maîtrise auroit opéré une premiere fois, il faudroit, à ce qui vient d'être dit, ajouter le travail suivant.

Dans le second martelage des mêmes ventes, l'Officier de Maîtrise, après avoir marqué, comme la premiere fois, les vingt-quatre baliveaux de l'âge des taillis, choisiroit, parmi les vingt-quatre baliveaux modernes de deux âges, environ douze des plus beaux chênes, & environ quatre des plus beaux bois blanc d'une nature propre à produire des graines convenables aux terreins. Ces seize balivaux de deux âges seroient ré-

M

fervés dans cette feconde coupe ;
& à l'égard des huit reftans qui feroient de rebut, il conviendroit
d'autorifer les Officiers de Maîtrife à les marquer & les rendre aux
Gens de main-morte qui auroient
la liberté de les vendre avec leurs
taillis, il n'y auroit dans cette pratique rien de contraire à l'Ordonnance, puifqu'on auroit toujours
de refte au fecond âge le nombre
de feize balivaux qu'elle prefcrit
pour chaque arpens.

Dans le troifiéme martelage des
mêmes ventes, après avoir marqué comme la premiere & feconde fois, les vingt-quatre baliveaux
de l'âge des taillis, l'Officier de
Maîtrife choifiroit encore parmi
les baliveaux mordernes de deux
âges, environ douze des plus beaux
chênes, & environ quatre des plus
beaux bois blanc pour être réfer-
vés, enfuite de quoi il marqueroit au profit des Gens de main-

morte, non-seulement les huit baliveaux de deux âges qu'il auroit rebuté, mais encore les quatres arbres de bois blanc qui se trouveroient avoir trois âges.

Cette maniere d'opérer étant une fois bien établie, on pourroit s'assurer qu'en la répétant par la suite de coupes en coupes, elle produiroit infailliblement quatre bons effets.

1°. Sur vingt-quatre baliveaux de l'âge des taillis, qu'on marqueroit dans chaque arpens de bois, on en réformeroit à chaque coupe huit qui auroient deux âges, & au moyen de cela, on n'auroit pour les seize restans que des baliveaux choisis & en état de faire de beaux arbres.

2°. On seroit certain de trouver dans tous les tems, vingt arbres chênes dans chaque arpens de bois, dont environ dix se trouveroient d'une grosseur raisonnable,

M ij

& par conféquent capables d'être
à l'avenir une reffource pour les
befoins de l'Etat, & en particulier
pour la Marine.

3°. Les quatre arbres de bois
blanc de différentes natures con-
fervés dans chaque arpens de bois,
jufqu'à ce qu'ils ayent trois âges,
produiroient des graines qui garniroient les taillis & qui les entre-
tiendroient bien plantés.

4°. Lorfque les Gens de main-
morte feroient parvenus à avoir
dans leurs ventes, une quantité
fuffifante d'arbres chênes pour en
pouvoir choifir vingt par arpens
des âges ci-devant dits, ils fe pour-
voiroient au Confeil pour avoir
la permiffion de couper l'excé-
dent ; au moyen de cela, leurs
taillis fe conferveroient en bon
état, & ils ne fe dégraderoient jamais ; il arriveroit même infailliblement par la fuite qu'en fuivant
exactement cette pratique, ils par-

viendroient à couper chaque année des taillis & des arbres dans
les mêmes ventes ; cela double-
roit leurs revenus en bois, & le
Public y trouveroit un avantage
confidérable.

FIN.

APPROBATION.

J'Ai lû par ordre de Monfeigneur le Chan-
celier un Manufcrit qui a pour titre : *Inftructions Familieres en forme d'entretiens, fur
les principaux Objets qui concernent la Culture
des Terres, &c.* je penfe qu'on en peut permettre l'impreffion. A Paris ce 26 Octobre 1763.
Signé, BRISSON.

PRIVILEGE DU ROI.

LOUIS, par la grace de Dieu, Roi de
France & de Navarre : A nos amés &
féaux Confeillers les Gens tenans nos Cours
de Parlement, Maîtres des Requêtes ordinaires
de notre Hôtel, Grand Confeil, Prévôt de
Paris, Baillifs, Sénéchaux, leurs Lieutenans
Civils, & autres nos Jufticiers qu'il appartien-
dra, Salut. Notre amé JEAN-BAPTISTE-
GUILLAUME MUSIER le fils, Libraire

à Paris, Nous a fait expofer qu'il defireroit
faire imprimer & donner au Public un Ouvrage qui a pour titre : *Inftructions Famil-
res fur les principaux objets qui concernent la
culture des terres*, s'il Nous plaifoit lui accorder
nos Lettres de Permiffion pour ce néceffaires.
A ces caufes, voulant favorablement traiter
l'Expofant, Nous lui avons permis & permet-
tons par ces Préfentes, de faire imprimer ledit
Ouvrage autant de fois que bon lui femblera,
& de le vendre, faire vendre & débiter par
tout notre Royaume pendant le tems de trois
années confécutives, à compter du jour de la
date des Préfentes. Faifons défenfes à tous
Imprimeurs, Libraires, & autres perfonnes,
de quelque qualité & condition qu'elles foient,
d'en introduire d'impreffion étrangere dans
aucun lieu de notre obéiffance : à la charge
que ces préfentes feront enregiftrées tout au
long fur le Regiftre de la Communauté des
Imprimeurs & Libraires de Paris, dans trois
mois de la date d'icelles, que l'impreffion dudit
Ouvrage fera faite dans notre Royaume & non
ailleurs, en bon papier & beaux caracteres,
conformément à la feuille imprimée & attachée
pour modele fous le contre-fcel des préfentes,
que l'impétrant fe conformera en tout aux Ré-
glemens de la Librairie, & notamment à celui
du 10 Avril 1725 ; qu'avant de l'expofer en
vente, le manufcrit qui aura fervi de copie
à l'impreffion dudit Ouvrage, fera remis dans
le même état où l'approbation y aura été don-
née, & qu'il en fera enfuite remis deux exem-
plaires dans notre Bibliotheque publique, un
dans celle de notre Château du Louvre, un
dans celle du Sieur de Lamoignon, & un dans

celle de notre très-cher & féal Chevalier, Vice-
Chancellier & Garde des Sceaux de France, le
Sieur de Maupeou ; le tout à peine de nullité des
préfentes : du contenu defquelles vous mandons
& enjoignons de faire jouir ledit Expofant & fes
ayans caufe, pleinement & paifiblement, fans
fouffrir qu'il lui foit fait aucun trouble ou
empêchement. Voulons qu'à la copie des pre-
fentes, qui fera imprimée tout au long au
commencement ou à la fin dudit Ouvrage, foi
foit ajoutée comme à l'original. Commandons
au premier notre Huiffier ou Sergent fur ce requis, de faire pour l'exécution d'icelles tous
actes requis & néceffaires, fans demander autre
permiffion, & nonobftant clameur de Haro,
Charte Normande, & Lettres à ce contraires.
Car tel eft notre plaifir. Donné à Paris le tren-
tiéme jour du mois de Novembre, l'an de grace
mil fept cent foixante-trois, & de notre Regne
le quarante-huitieme. Par le Roi, en fon Confeil. **LEBEGUE.**

*Regiftré fur le Regiftre XVI. de la Chambre
Royale & Syndicale des Libraires & Imprimeurs
de Paris*, No. 36, fol. 21, *conformément au
Réglement de 1723. À Paris ce 11 Décembre 1763.*
Signé, **ESTIENNE**, *Adjoint.*

<hr>

ERRATA.

Préface, pag. 2. lig. 5. je l'ai trouvé, *lifez* je l'ai toujours trouvé. *ibid.* lig. 16. je crois le fondé, *lif.* je
le crois fondé.
pag. 4. lig. 2. ce qu'il y a de mieux, *lif.* ce qu'il y a de
vicieux.

Pag. 10. lig. 10. notre laboureur , *lif.* votre laboureur.

pag. 13. lig. 11. fans attention , *lif.* fans action.

pag. 23. lig. 6. felon nous , *lif.* felon vous.

pag. 26. lig. 25. fe bien impreger , *lif.* fe bien impregner.

pag. 45. lig. 4. après ces mots , la fertilité des terres , *ajoutez* en augmentant la fertilité des terres. *ibid.* lig. 18. & nous préferver , *lif.* & nous y préferver.

pag. 53. lig. 23. les cendres , *lif.* les terres.

pag. 57. 22. après ces mots nullement poreufes , *ajoutez* nous en avons qui font trop poreufes.

pag. 58. lig. 5. nous arrêter , *lif.* vous arrêter.

pag. 61. lig. 4. pillon , *lif.* fillon. *ibid.* p. 5. effacez fillon.

pag. 64. lig. 7. bonifient , *lif.* fe bonifient.

pag. 66. lig. 19. vous pouvez prendre , *lif.* vous pourrez les prendre.

pag. 67. lig. 9. vous en ferez porter , *lif.* vous les ferez porter. *ibid.* lig. 21. ce fecond , *lif.* ce fecond Fer. *ibid.* lig. 24. ou vous n'avez , *lif.* ou vous n'aurez.

pag. 68. lig. 18. vous pouvez , *lif.* vous pourrez. *ibid.* lig. 24. ces pierres , *lif.* des pierres.

pag. 69. lig. 8. & affermer , *lif.* & à furcens.

pag. 73. lig. 6. aux couvraines de 1762 , *lif.* 1764. *ibid.* lig. 16. de 1763 , *lif.* 1764. *ibid.* lig. 17. pour 1764 , *lif.* 1765. *ibid.* lig. 24. 1764 , *lif.* 1765.

pag. 74. lig. 2. de 1764 je femerois , *lif.* de 1765 j'en femerois. *ibid.* lig. 6. femeroit , *lif.* femerois. *ibid.* lig. 13. fols de mes terres , *lif.* folles de mes terres.

pag. 75. lig 1. fols réduits , *lif.* folles réduites.

pag. 81. lig. 10. eaux de cours , *lif* eaux de fources. *ibid.* lig. 17. après cours , *lif.* de ces eaux.

pag. 85. lig. 1. fertiles , *lif.* ftériles.

pag. 86. lig. 20. éclairés , *lif.* éclaircis.

pag. 102. lig. 12. efpéces de bois , *lif.* cepées de bois.

pag. 115. lig. 16. 24.
pag. 116. lig. 3. 4. } upées , *lif.* cepées.

ibid. lig. 9. les jeunes plantes , *lif.* jeunes plants.

pag. 122. lig. 6. ne fe font , *lif.* ne le font.

pag. 123. lig. 3. de défenfe , *lif.* de fève. *ibid.* lig. 10. toutes les efpéces , *lif.* toutes les cepées.

pag. 126. lig. 2. il y a beaucoup , *lif.* non plus qu'à beaucoup.

pag. 127. lig. 13. quand la , *lif.* quand fa.

pag. 128. lig. 13. les arbres , *lif.* les bois.

pag. 133. lig. 11. pouvoient , *lif.* pourroient.

pag. 134. lig. 6. on fe détermine , *lif.* on ne fe détermine.

pag. 137. lig. 10. 19. qui exiftoient , *lif.* qui exifteroient.